U0293808

中国草原昆虫生态图册

（鳞翅目等）

Ecological Atlas of Grassland Insects in China

(Lepidoptera etc.)

张润志　李义哲　方国飞　编著

河南科学技术出版社
·郑州·

图书在版编目（CIP）数据

中国草原昆虫生态图册．鳞翅目等 / 张润志，李义哲，方国飞编著．-- 郑州：河南科学技术出版社，2025.2. -- ISBN 978-7-5725-1990-1

I. Q968.22-64

中国国家版本馆 CIP 数据核字第 20259PC544 号

出版发行：河南科学技术出版社

地址：郑州市郑东新区祥盛街27号　邮编：450016

电话：（0371）65737028　65788613

网址：www.hnstp.cn

邮箱：hnstpnys@126.com

出 版 人：乔　辉

策划编辑：李义坤

责任编辑：李义坤

责任校对：刘逸群　尹凤娟

整体设计：张　伟

责任印制：徐海东

印　　刷：郑州新海岸电脑彩色制印有限公司

经　　销：全国新华书店

开　　本：787 mm × 1 092 mm　1/16　印张：24.25　字数：720千字

版　　次：2025年2月第1版　2025年2月第1次印刷

定　　价：398.00元

作者简介

张润志　1965 年 6 月生。中国科学院动物研究所研究员、中国科学院大学教授、博士生导师。2005 年获得国家杰出青年基金项目资助，2011 年获得中国科学院杰出科技成就奖，2019 年获得“庆祝中华人民共和国成立 70 周年”纪念章。目前兼任国家生物安全专家委员会委员、国家林业和草原局咨询专家、全国农业植物检疫性有害生物审定委员会委员。主要从事鞘翅目象虫总科系统分类学研究以及外来入侵昆虫的鉴定、预警、检疫与综合治理技术研究。先后主持国家科技支撑项目、中国科学院知识创新工程重大项目、国家自然科学基金重点项目等。独立或与他人合作发表萧氏松茎象等新物种 148 种，获国家科学技术进步奖二等奖 3 项（其中 2 项为第一完成人，1 项为第二完成人），发表学术论文 200 余篇，出版专著、译著等 20 部。

李义哲　1994 年 4 月生。理学博士。2024 年 6 月毕业于中国科学院动物研究所，目前就职于中国科学院西双版纳热带植物园。主要从事引种植物检验检疫、生物多样性研究和入侵生物普查工作。先后参与了科技部基础资源调查专项（主要草原区有害昆虫多样性调查）、林业有害生物防治管理与测报项目（西北地区普查技术指导、督导、评估）、云南省外来入侵生物普查项目和草原外来入侵生物普查试点项目。发现了危害内蒙古科尔沁国家自然保护区元宝槭种子的重要害虫——元宝槭籽象，发表 SCI 论文 1 篇。

方国飞　1977 年 12 月生。现任国家林业和草原局生物灾害防控中心副主任、林草有害生物监测预警局重点实验室主任，正高级工程师。长期从事林草生物灾害防控行业管理宏观政策与科学技术研究。获全国林业系统“先进工作者”、全国生态建设突出贡献先进个人、林草科技创新领军人才等称号。

前言

草原是地球上分布最广的植被类型，也是我国面积最大的陆地生态系统，是干旱半干旱和高寒高海拔地区的主要植被，与森林共同构成了我国生态安全屏障的主体。草原昆虫是草原生态系统物种多样性的重要组成部分，它们不仅直接危害草原牧草和植被，有些种类也是土壤有机质分解、腐殖化作用机制和食物链的重要环节，在土壤形成、熟化和结构优化等方面发挥着重要作用。许多草原有害昆虫直接影响草原植物群落组成和结构的变化，影响草原生态系统演替，造成草场退化等。

本书是国家科技基础资源调查专项“主要草原区有害昆虫多样性调查（编号 2019FY100400）”研究成果的总结。自 2019 年至 2023 年，历时 5 年的调查和研究取得一系列的研究成果，经过认真梳理和总结，编成《中国草原昆虫生态图册》。全书共分《中国草原昆虫生态图册（鞘翅目）》《中国草原昆虫生态图册（鳞翅目等）》《中国草原昆虫生态图册（直翅目）》3 卷。其中，本卷收录我国主要草原区昆虫 146 种，包括鳞翅目 15 科 66 种、半翅目 17 科 45 种、双翅目 6 科 14 种、膜翅目 9 科 12 种、脉翅目 3 科 4 种、蜻蜓目 3 科 4 种和螳螂目 1 科 1 种；每一物种均提供了分类地位、分布范围、形态特征以及生物学特性 / 发生危害等信息，并提供一至多张生态照片，这些生态照片均为编著者原创拍摄。在这些种类中，超过半数物种提供了取食的植物种类，有些还是重要草原害虫；因此，本书将对草原害虫的识别与重要害虫的防控提供参考。

在物种的鉴定过程中，得到北京农林科学院虞国跃研究员，中国农业大学杨定教授、彩万志教授和刘星月教授，广西师范大学周善义教授，中国科学院动物研究所乔格侠研究员、朱朝东研究员、韩红香副研究员的热情帮助，在此特向他们表示衷心感谢。感谢国家科技基础条件平台中心李加洪副主任、王祎处长、李笑寒女士，国家林业和草原局科学技术司郝育军司长和宋红竹二级巡视员，草原管理司宋中山副司长和王卓然二级巡视员，野生动植物保护司鲁兆莉二级巡视员、周志华副司长，生态保护修复司陈建武司长和王金利处长，生物灾害防控中心方董振辉副主任、周艳涛博士、岳方正博士、秦思源博士等的支持与帮助。感谢在野外调查和照片拍摄过程中给予大力支持和帮助的农业农村部锡林郭勒草原有害生物科学观测实验站温艳明先生、科尔沁国家自然保护区于有忠副局长等。特别感谢项目骨干参加人中国农业科学院植保所涂雄兵研究员、王广君副研究员和草原研究所王宁研究员，中国科学院动物研究所任立博士和吕何宇等的大力帮助。

张润志

2024 年 6 月 30 日

目录

鳞翅目
Lepidoptera

弄蝶科 Hesperiidae

北方花弄蝶 *Pyrgus alveus* (Hübner)

分类地位：鳞翅目 Lepidoptera，弄蝶科 Hesperiidae。
分布范围：内蒙古、北京、河北、甘肃；蒙古，俄罗斯。
形态特征：中型弄蝶。雄蝶前翅背面黑褐色，前缘有前缘褶，从前缘褶末端向内侧斜下方有 3 个白色斑，亚顶部 3 个白色斑排列整齐。下部有 7 个白色斑，后翅中域隐见白色宽带；腹面后翅基部有 3 个白色斑，中域外侧有白色斑带。
发生危害：成虫多见于 7 月，喜访花。幼虫以委陵菜、龙牙草、远志等植物为寄主。

内蒙古锡林浩特（2022 年 7 月 25 日）

灰蝶科 Lycaenidae

华夏爱灰蝶 *Aricia chinensis* (Murray)

分类地位：鳞翅目 Lepidoptera，灰蝶科 Lycaenidae。

分布范围：北京、河北、内蒙古、河南、陕西、辽宁；俄罗斯，朝鲜半岛。

形态特征：小型灰蝶。雌雄蝶斑纹相似。躯体棕褐色。翅背面棕褐色，前后翅亚外缘均具连续橙色斑带，为本种主要的分类特征。翅腹面灰白色，并散布着黑色斑点。

发生危害：1 年多代，成虫多见于 4~9 月。幼虫以牻牛儿苗科牻牛儿苗属植物为寄主。

内蒙古锡林浩特（2021 年 6 月 6 日）

内蒙古锡林浩特（2021 年 5 月 29 日）

内蒙古锡林浩特（2022 年 6 月 29 日）

富丽灰蝶 *Apharitis acamas* (Klug)

分类地位：鳞翅目 Lepidoptera，灰蝶科 Lycaenidae。

分布范围：新疆、内蒙古；哈萨克斯坦，塔吉克斯坦，乌兹别克斯坦，蒙古。

形态特征：中型灰蝶。翅背面橙黄色，前翅三角形，前翅中室及亚顶区有黑色斑或斑带，外缘黑色，亚缘有黑色斑带，后翅基部有黑色斑，基部外侧有 2 条黑色带延伸至后翅上半部，外缘黑色；腹面黄白色，前翅沿前缘斜向分布有黄褐色斑及斑带，亚缘有黄褐色斑带，后翅基部、中域、中域外侧、亚缘有黄褐色斑或斑带，臀角有尾突 2 枚，前后翅及斑带内有金属光泽的细线纹。

生物学特性：成虫多见于 6 月，喜访花。

新疆阜康（2003 年 7 月 4 日）

蓝灰蝶 *Everes argiades* (Pallas)

分类地位： 鳞翅目 Lepidoptera，灰蝶科 Lycaenidae。

分布范围： 中国大部分地区；欧洲至亚洲东北部的广大地区，以及东南亚和南亚的北部地区。

形态特征： 小型灰蝶。雄蝶翅背面呈蓝紫色，雌蝶则呈黑褐色，且仅在翅基部具蓝色金属光泽；翅腹面白色至淡灰色，具许多黑色小斑点，后翅近臀角处具橙色斑，具 1 对尾突。

发生危害： 1 年多代，成虫多见于 3~11 月。幼虫以豆科铁扫帚、白车轴草，以及大麻科葎草等植物为寄主。

内蒙古科右中旗（2021 年 7 月 5 日）

豆灰蝶 ***Plebejus argus* (Linnaeus)**

分类地位：鳞翅目 Lepidoptera，灰蝶科 Lycaenidae。

分布范围：我国北方大部分地区；朝鲜半岛，日本，蒙古，俄罗斯。

形态特征：小型灰蝶。雄蝶翅背面蓝紫色，前翅外缘及后翅前缘、外缘有宽阔的黑色边，脉纹黑色，缘毛白色；前后翅腹面灰褐色，中室端、亚缘、外缘有黑色斑列，外缘斑中部有橙色线纹，后翅基部蓝色，有黑色斑，端半部底色灰白。

生物学特性：成虫多见于 6~7 月。活动于草丛，喜访花。

内蒙古锡林浩特（2022 年 7 月 14 日）

内蒙古锡林浩特（2022 年 7 月 14 日）

多眼灰蝶 *Polyommatus eros* (Ochsenheimer)

分类地位：鳞翅目 Lepidoptera，灰蝶科 Lycaenidae。

分布范围：中国广泛分布。

形态特征：小型灰蝶。雄蝶翅背面天蓝色，前后翅外缘有黑色边，后翅外缘翅室端有黑色斑；腹面灰褐色，基部、中室端、中域、亚缘、外缘有黑色斑点，亚缘斑及外缘斑间有橙色斑。

生物学特性：成虫多见于6~7月。喜访花，活动于草地环境。

青海共和（2009年7月28日）

青海共和（2009 年 7 月 28 日）

青海共和（2009年7月28日）

蛱蝶科 Nymphalidae

牧女珍眼蝶 *Coenonympha amaryllis* (Cramer)

分类地位： 鳞翅目 Lepidoptera，蛱蝶科 Nymphalidae。

分布范围： 黑龙江、吉林、辽宁、河北、河南、山东、宁夏、甘肃、青海、陕西；俄罗斯，日本，朝鲜半岛。

形态特征： 小型眼蝶。翅背面黄色，前翅亚外缘有 3~4 个模糊的黑色斑，前缘和外缘棕褐色；后翅外缘棕褐色，亚外缘有 6 个黑色眼斑；前翅腹面亚外缘有 4~5 个眼斑，其两侧有橙红色条纹，后翅基半部灰色显黄绿色，眼斑列内侧有波曲的白色带。

生物学特性： 1 年多代，成虫多见于 5~9 月。

内蒙古锡林浩特（2022 年 7 月 19 日）

俄仁眼蝶 *Hipparchia autonoe* (Esper)

分类地位：鳞翅目 Lepidoptera，蛱蝶科 Nymphalidae。

分布范围：黑龙江、河北、陕西、甘肃、四川、山西、新疆、内蒙古；俄罗斯。

形态特征：中型眼蝶。翅背面棕褐色。前翅亚外缘前后有 2 个黄白色斑，斑内各有 1 个黑色眼斑，后翅有 1 条白色曲折的中带；前后翅腹面各有 1 条黑褐色亚外缘线，后翅脉纹白色，近臀角有 1 个小的黑色眼斑。

生物学特性：1 年 1 代，成虫多见于 7~8 月。

内蒙古锡林浩特（2022 年 7 月 19 日）

蛇眼蝶 *Minois dryas* (Scopoli)

分类地位：鳞翅目 Lepidoptera，蛱蝶科 Nymphalidae。

分布范围：东北、华北、华中、华南、华东、西北等地区；朝鲜半岛，日本，俄罗斯。

形态特征：中大型眼蝶。雌雄异色。雄蝶翅背面深棕色，前翅亚外缘具 2 枚大型黑色眼斑，内具瞳点，瞳点白色至蓝色，后翅翅缘波浪状，亚外缘具 1~2 枚小型黑色眼斑，内具瞳点。雄蝶前后翅腹面深棕色，前翅与背面近似，后翅中部具白色斑带。雌蝶前后翅棕黄色，斑纹与雄蝶近似。

生物学特性：1 年 1 代，成虫多见于 7~8 月。

内蒙古锡林浩特（2021 年 8 月 10 日）

内蒙古锡林浩特（2021 年 8 月 10 日）

大红蛱蝶 *Vanessa indica* (Herbst)

分类地位：鳞翅目 Lepidoptera，蛱蝶科 Nymphalidae。

分布范围：中国广泛分布；亚洲东部、欧洲等地。

形态特征：中型蛱蝶。前后翅背面大部分黑褐色，外缘波状。前翅顶角突出，饰有白色斑，下方斜列 4 个白色斑，中部有不规则红色宽横带，内有 3 个黑色斑；后翅大部暗褐色，外缘红色，亚外缘有 1 列黑色斑。翅腹面和背面的斑纹有区别；前翅顶角茶褐色，中室端部显蓝色斑纹，其余与翅面相似；后翅有茶褐色的复杂云状斑纹，外缘有 4 枚模糊的眼斑。

发生危害：成虫多见于 5~10 月。幼虫以荨麻科等植物为寄主。

内蒙古科右中旗（2021 年 7 月 9 日）

内蒙古科右中旗（2021 年 7 月 9 日）

凤蝶科 Papilionidae

金凤蝶 *Papilio machaon* Linnaeus

分类地位： 鳞翅目 Lepidoptera，凤蝶科 Papilionidae。

分布范围： 中国广泛分布；欧亚大陆和中南半岛北部。

形态特征： 中型凤蝶，具尾突。雄蝶前后翅背面金黄色、具黑色脉，前翅基 1/3 黑色散布黄色鳞片，室端及外侧具黑色带，顶区具黑色点，其上密布黄色鳞片，外中区至外缘具宽黑色边，其内侧镶暗黄色带，中部具金黄色斑列；后翅基部黑色，外中区至外缘具宽黑色带，其内半部具灰蓝色斑，外半部具黄色斑，臀角具椭圆形红色斑。腹面大体如背面，前翅亚外缘双黑色带间散布黑色鳞片，后翅外中区具黄色和蓝黑色双横带，其后段染橙色。雌蝶色泽斑纹同雄蝶但翅形较阔。

发生危害： 1 年 1~2 代。成虫多见于 4~9 月。幼虫寄主为伞形科胡萝卜、香菜、柴胡等植物。

内蒙古鄂温克（幼虫）（2014 年 7 月 26 日）

内蒙古鄂温克（幼虫）（2014 年 7 月 26 日）

内蒙古鄂温克（幼虫）（2014 年 7 月 26 日）

内蒙古鄂温克（幼虫）（2014 年 7 月 26 日）

陕西山阳（蛹）（2014 年 8 月 7 日）

陕西山阳（蛹）（2014 年 8 月 7 日）

陕西山阳（2014 年 8 月 20 日）

陕西山阳（2014 年 8 月 20 日）

粉蝶科 Pieridae

斑缘豆粉蝶 *Colias erate* (Esper)

分类地位： 鳞翅目 Lepidoptera，粉蝶科 Pieridae。

分布范围： 新疆、内蒙古、西藏；东欧。

形态特征： 中型粉蝶。雄蝶前后翅黄绿色，前翅背面顶角及外缘部分有宽黑色带，内无或少有斑，中室端斑黑色，圆形；后翅外缘黑色带较宽，中室端斑橘黄色。雌蝶前后翅色浅，后翅黑色区域明显。

发生危害： 成虫多见于 7 月，喜访花。幼虫以苜蓿、紫云英等豆科植物为寄主。

内蒙古锡林浩特（卵和幼虫）（2022 年 7 月 14 日）

内蒙古锡林浩特（卵和幼虫）（2022 年 7 月 14 日）

内蒙古锡林浩特（卵和幼虫）（2022年7月14日）

内蒙古锡林浩特（卵和幼虫）（2022 年 7 月 14 日）

东亚豆粉蝶 *Colias poliographus* Motschulsky

分类地位：鳞翅目 Lepidoptera，粉蝶科 Pieridae。
分布范围：北京、浙江、四川、云南、台湾、香港、内蒙古；俄罗斯，日本。
形态特征：中型粉蝶。雄蝶翅背面黄绿色、雌蝶近白色，斑纹与豆粉蝶相近。
发生危害：成虫多见于4~10月，喜访花；栖息在平原、山地、森林等多种环境。幼虫寄主为苜蓿、大豆、野豌豆等豆科植物。

内蒙古锡林浩特（2022年7月19日）

内蒙古锡林浩特（2022 年 7 月 19 日）

内蒙古锡林浩特（2022 年 7 月 19 日）

内蒙古锡林浩特（2022 年 7 月 19 日）

菜粉蝶 *Pieris rapae* (Linnaeus)

分类地位：鳞翅目 Lepidoptera，粉蝶科 Pieridae。

分布范围：学者根据地域将本种划分为 2 个亚种，西方亚种（指名亚种）分布在欧亚大陆西部及北非，东方亚种则分布在中国（全国各省区）、日本、朝鲜半岛及俄罗斯东部。

形态特征：中型粉蝶。雄蝶前翅背面粉白色，近基部散布黑色鳞片，顶角区有 1 枚三角形的大黑色斑，外缘白色，亚端有 2 枚黑色斑，其中下方 1 枚常退化或消失；后翅略呈卵圆形，白色，基部散布黑色鳞片，顶角附近饰有 1 枚黑色斑。雄蝶前翅腹面大部白色，顶角区密被淡黄色鳞片，亚端的黑色斑较翅背面深；后翅腹面布满淡黄色鳞片，其间疏布灰黑色鳞片，在中室下半部最为密集。雌蝶体型较雄蝶略大，翅面淡灰黄白色，斑纹排列同雄蝶，但色深浓，特别是臀角附近的黑色斑显著发达，并在其下方另有 1 条黑褐色带状纹，沿着后缘伸向翅基。

发生危害：1 年多代，成虫多见于 2~9 月。以蛹越冬，越冬羽化日期由北向南逐渐提早，趋势十分明显。菜粉蝶越冬成虫始羽时间一般在 2 月中下旬。成虫好访花，飞行缓慢。雄蝶有领域行为。幼虫以芸薹属、木樨草属等植物为寄主。

内蒙古鄂尔多斯（2020 年 9 月 15 日）

内蒙古鄂尔多斯（2020 年 9 月 15 日）

内蒙古鄂尔多斯（2020 年 9 月 15 日）

内蒙古鄂尔多斯（2020 年 9 月 15 日）

内蒙古鄂尔多斯（2020 年 9 月 15 日）

天蛾科 Sphingidae

榆绿天蛾 *Callambulyx tatarinovii* (Bremer et Grey)

分类地位：鳞翅目 Lepidoptera，天蛾科 Sphingidae。

分布范围：北京、陕西、甘肃、宁夏、新疆、内蒙古、黑龙江、吉林、辽宁、河北、山西、河南、山东、上海、浙江、福建、湖北、湖南、四川、西藏；日本，朝鲜，俄罗斯，蒙古。

形态特征：翅展 70.0~80.0 mm；胸部背面具墨绿色近菱形斑；前翅顶角处具 1 个近三角形深绿色斑，分界明显；后翅大部红色。有时虫体失绿，但前翅的斑纹仍一样。

发生危害：1 年 2 代，以蛹在土中越冬。寄主为榆、刺榆和柳。

内蒙古锡林浩特（2022 年 7 月 14 日）

内蒙古锡林浩特（2022 年 6 月 30 日）

蓝目天蛾 *Smerinthus planus* Walker

分类地位： 鳞翅目 Lepidoptera，天蛾科 Sphingidae。

分布范围： 中国广泛分布；日本，朝鲜，俄罗斯，蒙古。

形态特征： 翅展 80.0~90.0 mm。前翅外缘较直，近后角具 1 个小缺刻；后翅近中部具 1 个大眼斑，黑色边缘内具蓝色圆圈，眼斑上方桃红色至粉红色。

发生危害： 1 年 2 代，以蛹在土室中越冬。幼虫取食多种植物，如杨、柳、苹果、海棠、李等的叶片。

内蒙古锡林浩特（2022 年 7 月 19 日）

尺蛾科 Geometridae

醋栗金星尺蛾 *Abraxas grossulariata* (Linnaeus)

分类地位：鳞翅目 Lepidoptera，尺蛾科 Geometridae。

分布范围：吉林、黑龙江、内蒙古、陕西；朝鲜，日本，俄罗斯，欧洲、亚洲西部。

形态特征：前翅长度为 18.0~25.0 mm。前翅上的花纹非常醒目，底色为白色，有 6 条横向黑色斑，部分与淡黄色基部横带相连，另有 1 条淡黄色横带贯穿前翅中央区域；后翅颜色较浅，有一些黑色小点。

发生危害：1 年 1 代，成虫 7~8 月间出现，以蛹越冬。主要为害醋栗、乌荆子、榛、李、杏、桃、稠李、山榆、杠柳、紫景天等多种植物。

内蒙古锡林浩特（2022 年 7 月 12 日）

桑褶翅尺蛾 *Apochima excavata* (Dyar)

分类地位：鳞翅目 Lepidoptera，尺蛾科 Geometridae。
分布范围：北京、内蒙古、陕西、宁夏、新疆、河北、河南；日本，朝鲜。
形态特征：翅展 39.0~50.0 mm。体灰褐色，头胸部多毛；雌蛾触角丝状，雄蛾触角羽状；静止时每翅略呈棍状，前翅伸向侧上方，后翅向后；后足胫节端具 2 对距。
发生危害：1 年 1 代，成虫 3~4 月灯下可见。幼虫取食苹果、梨、核桃、槐、山楂、桑、榆、杨、刺槐、桃、柳等多种植物。

内蒙古锡林浩特（2023 年 4 月 21 日）

内蒙古锡林浩特（2023 年 4 月 21 日）

内蒙古锡林浩特（2023 年 4 月 21 日）

波尺蛾 *Eupithecia rubeni* Viidalepp

分类地位：鳞翅目 Lepidoptera，尺蛾科 Geometridae。
分布范围：内蒙古；蒙古，俄罗斯。
形态特征：体褐色，胸部前端深褐色，胸部其余部分及腹部大部分呈浅褐色；腹部各节有 1 个黑褐色点；前翅灰褐色，前缘色浅具黑色斑点；后翅不具中室斑。
生物学特性：未见报道。

内蒙古锡林浩特（2022 年 7 月 29 日）

内蒙古锡林浩特（2022 年 7 月 29 日）

杂尘尺蛾 *Hypomecis crassestrigata* (Christoph)

分类地位：鳞翅目 Lepidoptera，尺蛾科 Geometridae。

分布范围：内蒙古、湖南。

形态特征：体褐色，腹部背面 1~5 节具暗色毛簇。眼近圆形。前翅近三角形，基横线退化。中横线、内横线和外横线明显或由点斑组成列。外横线中部锯齿状，亚缘线灰白色，纤细且明显。后翅颜色同前翅，外横线明显，中部呈新月纹圆形点斑。

生物学特性：未见报道。

内蒙古锡林浩特（2023 年 4 月 21 日）

缘岩尺蛾 ***Scopula marginepunctata*** **(Göeze)**

分类地位：鳞翅目 Lepidoptera，尺蛾科 Geometridae。

分布范围：新疆、内蒙古；欧洲，高加索，伊朗北部，中亚和蒙古。

形态特征：翅展 25.0~28.0 mm。雄虫触角纤毛约为干径的 1.5 倍。额和领片黑褐色至黑色，头顶和肩片白色，肩片零星具黑色鳞片。雄虫后足跗节约与胫节等长或为胫节长的 3/4。前翅 R_1 与 R_2~R_5 共柄或不共柄。翅浅灰白色，翅面斑纹黑褐色。前翅外缘稍直，后翅外缘弯。前翅内线可见 3 个黑色点；中线弯曲呈条带状，通过中线；外线细，具小锯齿，齿尖具小黑色点，外线外具灰褐色云状条带；亚缘线波曲；缘线为脉间小黑色斑；两翅中点均呈小黑色点状。后翅中线在中点内侧，较前翅直。缘毛浅灰黄色。

发生危害：幼虫为害蓍草和艾草。

内蒙古锡林浩特（2021 年 8 月 16 日）

内蒙古锡林浩特（2021 年 8 月 16 日）

饰岩尺蛾 *Scopula ornata* (Scopoli)

分类地位：鳞翅目 Lepidoptera，尺蛾科 Geometridae。

分布范围：内蒙古、宁夏、新疆；俄罗斯，朝鲜半岛，日本，中亚地区，欧洲。

形态特征：翅展 21.0~24.0 mm。雄虫触角簇生纤毛状，节间深凹入。额黑色，头顶及下唇须腹面白色。雄虫后足胫节具毛束。前翅 R_1 与 R_2~R_5 不共柄；后翅 M_1 与 Rs 共柄。翅面白色。前翅顶角白色。后翅外缘在 M_1 与 M_3 脉间内凹。内线由 2~4 个小点组成。中横线不清晰或无。外横线略呈锯齿形，其外侧在臀角处、M 脉间分别具 2 个褐色点；后翅臀角处的褐色斑内侧有黑色边。亚缘线白色波状。中点在前翅通常不清晰，在后翅清晰。缘毛白色或浅灰色。翅反面具黑色鳞片。

发生危害：为害菊科蓍属、蒲公英属植物，唇形科薄荷属、百里香属植物，蓼科酸模属植物，玄参科婆婆纳属植物。

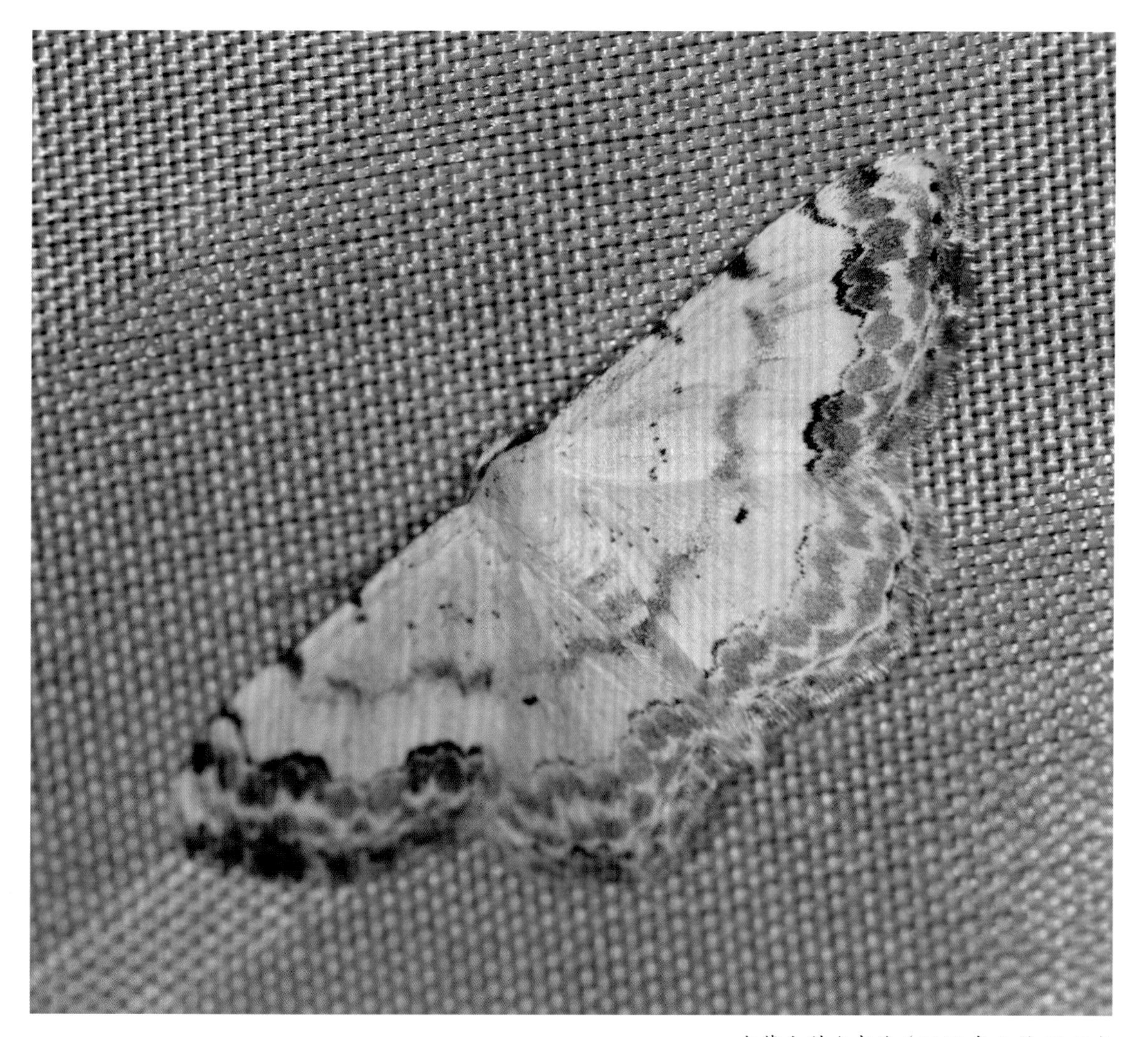

内蒙古科右中旗（2021 年 7 月 15 日）

苜蓿尺蛾 *Tephrina arenacearia* (Denis et Schiffermüller)

分类地位：鳞翅目 Lepidoptera，尺蛾科 Geometridae。

分布范围：内蒙古；格鲁吉亚、亚美尼亚、阿塞拜疆，土耳其，俄罗斯，德国，斯洛伐克，奥地利，意大利，克罗地亚，罗马尼亚，哈萨克斯坦，朝鲜，日本。

形态特征：翅展 21.0~27.0 mm。翅的边缘颜色单一，翅中横线较为平滑。雄虫触角的梳状部分较长（触角鞭节最长的分支长于前足最远端的跗节）。在雄虫生殖器中，腹侧边缘在中部略呈凹形。囊袋相对较窄，精囊内有角状物。腹部第 8 节有 1 对圆形的叶状突；在雌虫生殖器官中，囊体的后部硬化。

发生危害：幼虫为寡食性，以豆科植物（苜蓿属和三叶草属植物等）、禾本科植物（蒺藜草属植物）为食，主要取食其叶片。成虫 5~9 月出现。

内蒙古锡林浩特（2022 年 7 月 14 日）

内蒙古锡林浩特（2022 年 7 月 14 日）

内蒙古锡林浩特（2022 年 7 月 14 日）

白点二线绿尺蛾 *Thetidia smaragdaria* (Fabricius)

分类地位：鳞翅目 Lepidoptera，尺蛾科 Geometridae。

分布范围：黑龙江、吉林、内蒙古、甘肃、青海、新疆；印度，俄罗斯，土耳其。

形态特征：雄虫触角双栉形，尖端近 1/3 线形；雌虫触角线形。额绿色，下缘白色。头顶绿色。下唇须红褐色，约 1/2 伸出额外，雌虫第 3 节不延长。胸腹部绿色。雄虫后足胫节膨大有毛束，2 对距。雄虫前翅长 14.0 mm；雌虫前翅长 15.0~18 . 0 mm。翅面绿色，前翅顶角钝，前缘黄白色，外缘光滑；内横线白色波曲，外横线白色，略有曲折；中点白色圆形；缘毛白色。后翅顶角凸出、圆；外横线模糊，基部和前缘区浅绿色到白色；亚缘线清晰白色，几乎和外缘平行；缘毛同前翅。翅腹面斑纹几乎和背面相同，但前翅无内横线；后有外横线。

发生危害：为害蓍草。

内蒙古锡林浩特（2022 年 7 月 14 日）

枯叶蛾科 Lasiocampidae

李褐枯叶蛾 *Gastropacha quercifolia* (Linnaeus)

分类地位：鳞翅目 Lepidoptera，枯叶蛾科 Lasiocampidae。

分布范围：北京、陕西、青海、甘肃、内蒙古、黑龙江、吉林、辽宁、河北、河南、山东、安徽、江苏、浙江、江西、福建、台湾、湖南、广西；日本，朝鲜，俄罗斯，欧洲。

形态特征：雌虫 翅展 60.0~84.0 mm，雄虫 40.0~68.0 mm。翅有黄褐色、褐色、赤褐色、茶褐色等；触角双栉状，唇须向前伸出，蓝黑色；前翅中部有波状横线 3 条，外横线色淡，内横线呈弧状黑褐色，中室端黑褐色斑点明显，外缘齿状呈弧形，较长，后缘较短，缘毛蓝褐色；后翅有 2 条蓝褐色斑纹，前缘区橙黄色。静止时后翅肩角和前缘部分突出，形似枯叶状。

发生危害：在我国北方地区每年发生 1 代，以幼虫在树皮缝中越冬，7 月间成虫出现。寄主为苹果、李、沙果、梨、梅、桃、柳等。

内蒙古锡林浩特（2022 年 7 月 15 日）

内蒙古锡林浩特（2022 年 7 月 15 日）

内蒙古锡林浩特（2022 年 7 月 15 日）

黄褐天幕毛虫 *Malacosoma neustria testacea* (Motschulsky)

分类地位：鳞翅目 Lepidoptera，枯叶蛾科 Lasiocampidae。

分布范围：山东、江苏、河南、湖南、江西、浙江、安徽、四川、湖北、甘肃，以及东北、华北地区。

形态特征：雌虫 翅展29.0~40.0 mm，雄虫 24.0~33.0 mm。雄虫体翅黄褐色，前翅中部有 2 条深褐色横线，2 条横线间色泽稍深，形成上宽下窄的宽带；触角鞭节黄色，羽枝黄褐色，外缘毛褐色和白色相间。雌虫前翅中部有 2 条深褐色横线，两线中间为深褐色宽带，宽带外侧有 1 条黄褐色镶边；触角黄褐色，体翅褐色。

发生危害：每年发生 1 代，以卵越冬，翌年早春树木萌芽后卵开始孵化。幼虫群居在树枝叶间吐丝，做成丝幕状巢，夜间为害，白天躲进巢内。幼虫老熟期分散活动。寄主主要有桃、杏、苹果、梨、栎、杨等。

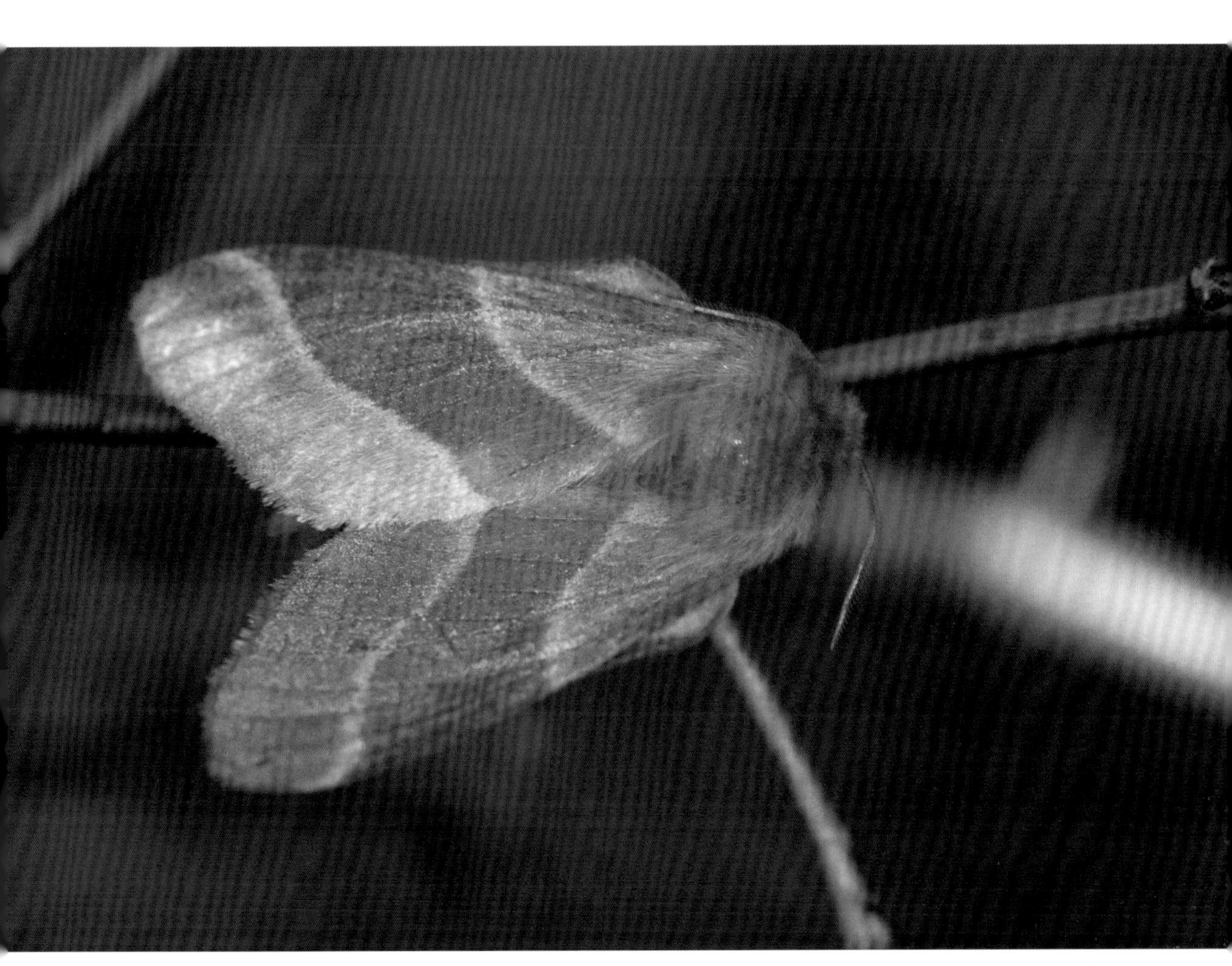

内蒙古科右中旗（2021 年 7 月 5 日）

榆枯叶蛾 *Phyllodesma ilicifolia* (Linnaeus)

分类地位：鳞翅目 Lepidoptera，枯叶蛾科 Lasiocampidae。

分布范围：黑龙江、内蒙古；日本，哈萨克斯坦，蒙古，俄罗斯，欧洲。

形态特征：身体褐铁锈色，稍有白色皱纹；前翅第 1 和第 2 条线深灰色，波浪状，间断；纤毛白色，有深铁锈色的条纹；后翅略带紫色，有 2 条带白色的带子。

发生危害：幼虫以越橘和沙柳为食，在茧内化蛹冬眠。成虫在春季出现，夏季在夜间飞行，并分批产卵。

内蒙古锡林浩特（2022 年 7 月 14 日）

目夜蛾科 Erebidae

砌石灯蛾 *Arctia flavia* (Füssly)

分类地位： 鳞翅目 Lepidoptera，目夜蛾科 Erebidae。

分布范围： 河北、黑龙江、内蒙古、新疆；俄罗斯，蒙古，欧洲。

形态特征： 雌虫 翅展 65.0~72.0 mm。头、胸黑色，颈板前方具黄色带，翅基片外侧前方具黄色三角斑，腹部黄色，背面基部黑色，背面中央具黑色纵带，腹部末端及腹面黑色；前翅黑色，内横线黄白色，在中室处有 1 条黄白色带与翅基部相连，内横线至外横线间的前缘有 1 条黄白色边，后缘在内横线至臀角有黄白色边，外横线黄白色，在 M_3 脉处折角，亚端线黄白色，斜向外缘 M_2 脉上方折角，再向内于 Cu_1 脉上方与外横线相接，然后外斜至臀角，缘毛黄白色；后翅黄色，横脉纹黑色，亚端线为 1 条黑色宽带，其中间断裂。

发生危害： 寄主为枸杞属植物。

内蒙古锡林浩特（2022 年 7 月 8 日）

内蒙古锡林浩特（2022 年 7 月 8 日）

内蒙古锡林浩特（2022 年 7 月 8 日）

内蒙古锡林浩特（2022 年 7 月 8 日）

强恭夜蛾 *Euclidia fortalitium* (Tauscher)

分类地位：鳞翅目 Lepidoptera，目夜蛾科 Erebidae。

分布范围：内蒙古；俄罗斯，蒙古，哈萨克斯坦，乌克兰。

形态特征：头部灰白色，眼黑色，触角灰白色，微黑。胸部平滑无斑点，灰白色。前翅灰白色，具 3 个深色斑块，前 2 个较大斑块近乎呈五边形。后翅黄褐色具横带。足灰白色，胫节略宽。腹部灰白色，无斑点。

生物学特性：未见报道。

内蒙古锡林浩特（2022 年 7 月 8 日）

眩灯蛾 *Lacydes spectabilis* (Tauscher)

分类地位：鳞翅目 Lepidoptera，目夜蛾科 Erebidae。

分布范围：新疆；俄罗斯，叙利亚。

形态特征：雄虫 翅展33.0~34.0 mm；头、胸淡黄褐色，头顶具黑褐色小点，触角栉齿褐色，触角干白色；下唇须白色，顶尖褐色；翅基片及胸部具褐色纵纹；腹部背面橙色，具黑褐色带，腹部腹面白色；前翅乳白色，前缘域基部具浅黄褐色纹，内线浅黄褐色，在中室下方为三角形斑，前缘中部至中室下角有 1 条浅黄褐色 V 形纹，然后从此处向后缘具 1 条斜带，从翅顶向后缘有 1 条浅黄褐污色斜带，斜带内边在 5 脉处有 1 条短带与前缘相接，翅顶至角有 1 条污黄褐色带与端线的点相接；后翅乳白色，横脉纹暗褐色，亚端线与端线各有 1 列浅黄褐色点，在 5 脉上的亚端点较大。雌成虫斑纹暗褐色；后翅翅脉间或多或少充满暗褐色。幼虫紫褐色，节间具浅黄色带，淡红色疣突具有颇短的白色毛以及少数黑色毛，侧面有黄色带，头黑色。

生物学特性：成虫 7~8 月出现。

新疆乌苏（幼虫）（2009 年 5 月 20 日）

新疆乌苏（幼虫）（2009 年 5 月 20 日）

新疆乌苏（幼虫）（2009 年 5 月 20 日）

新疆乌苏（幼虫）（2009 年 5 月 20 日）

杨雪毒蛾 *Leucoma candida* (Staudinger)

分类地位： 鳞翅目 Lepidoptera，目夜蛾科 Erebidae。

分布范围： 北京、陕西、青海、内蒙古、甘肃、黑龙江、吉林、辽宁、河北、山西、河南、山东、江苏、浙江、安徽、福建、江西、湖北、湖南、四川、云南；日本，朝鲜，俄罗斯。

形态特征： 雄虫翅展35.0~42.0 mm，雌虫48.0~52.0 mm。体白色，触角干白色，间有黑褐色，栉齿黑褐色；下唇须黑色；足白色，具黑色环；翅白色，鳞片排列密，不透明。

发生危害： 1年2代，以低龄幼虫在树干缝隙等处越冬。幼虫取食杨、柳的叶（低龄期取食叶肉），多在夜间取食而白天潜伏。

内蒙古锡林浩特（2022年8月4日）

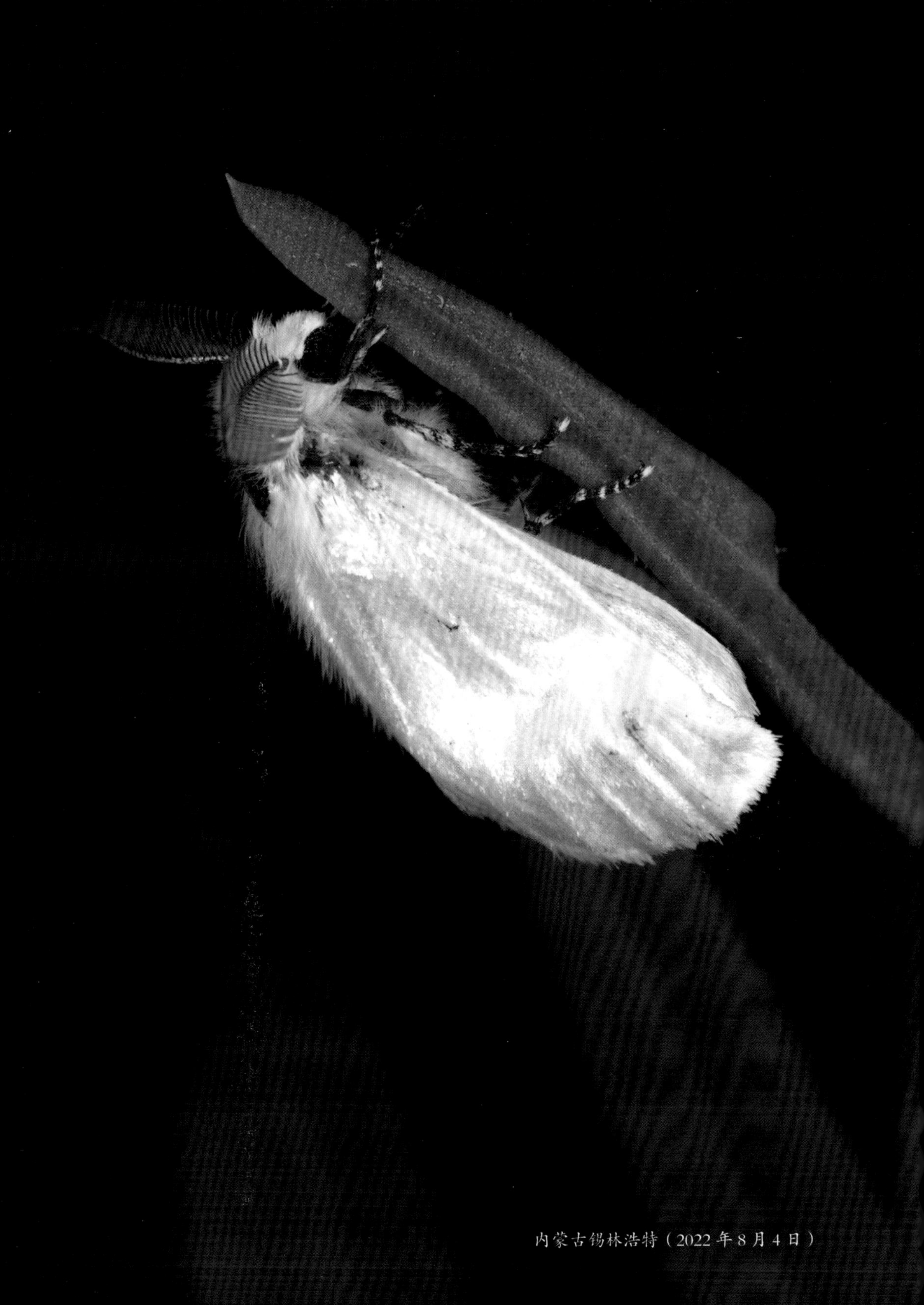

内蒙古锡林浩特（2022 年 8 月 4 日）

内蒙古锡林浩特（2022 年 8 月 4 日）

平影夜蛾 *Lygephila lubrica* (Freyer)

分类地位：鳞翅目 Lepidoptera，目夜蛾科 Erebidae。

分布范围：北京、内蒙古、新疆、河北、山西、陕西；蒙古。

形态特征：成虫翅展约 43.0 mm。头部黑色，下唇须灰色，第 2 节下缘饰浓密长毛，第 3 节短，端部尖。胸部背面灰色，颈板黑色。足跗节外侧黑褐色，各节间有灰色斑。前翅灰色，密布黑褐色细纹，外横线外方带褐色，内横线粗，有间断，后段细，黑色，稍外斜，肾形纹褐色，边缘有一些黑色点，中横线模糊，褐色，自前缘脉外斜至中室前缘，在中室后微内弯，外横线不明显，褐色自前缘脉外弯，Cu_1 脉后内弯，亚端线灰色，自前缘脉内斜，Cu_2~M_2 脉间外弯，前段内侧色暗，翅外缘有 1 列黑色点。后翅黄褐色，端区黑褐色似带状。腹部灰色杂有少许黑色。

生物学特性：未见报道。

内蒙古锡林浩特（2022 年 7 月 14 日）

古毒蛾 *Orgyia antiqua* (Linnaeus)

分类地位： 鳞翅目 Lepidoptera，目夜蛾科 Erebidae。

分布范围： 河北、山西、内蒙古、黑龙江、吉林、辽宁、山东、河南、西藏、甘肃、宁夏；朝鲜，日本，蒙古，俄罗斯（西伯利亚），欧洲。

形态特征： 雄虫 翅展25.0~30.0 mm，雌虫体长 10.0~20.0 mm。触角干浅棕灰色，栉齿黑褐色。头、胸和腹部灰棕色微带黄色。前翅黄褐色；中室后缘近基部有 1 个褐色圆斑，不甚清晰；内横线褐色，微锯齿形外弓；横脉纹新月形，深橙黄色，边缘褐色；外横线褐色，宽，微锯齿形，从前缘至 M_1 脉外伸，M_1~M_2 脉直，M_2~Cu_1 脉内斜，后内弯至后缘；外横线与亚端线间褐色，前缘色浅；在 Cu_2 与 A_1 脉间有 1 个半圆形白色斑，缘毛黄褐色有深褐色斑；后翅和缘毛黄褐色，基部和后缘色暗。雌蛾纺锤形；触角短，触角干黄色；体被灰黄色绒毛；足被黄色毛，爪腹面有短齿；翅短缩，前翅尖叶形，灰黄色。

发生危害： 在大兴安岭 1 年 1 代，以卵越冬，6 月上中旬孵化出幼虫。幼龄幼虫主要取食嫩芽或针、阔叶的叶肉，2 龄以后，幼虫自针叶中部取食。7 月下旬至 8 月上旬结茧化蛹，茧多位于树冠下部外缘的细枝上、粗枝分杈处和树皮缝隙中。成虫交尾产卵大部分是在白天进行，雌蛾产卵在茧上或茧附近，每一雌蛾平均产卵量为 150~300 粒。初孵化幼虫一般经过 2 天后才开始取食，幼虫能吐丝下垂，借风力传播。寄主为各种乔、灌木树种，主要有柳、杨、桦、桤木、榛、鹅耳枥、山毛榉栎、梨、李、苹果、山楂、槭、欧石楠、云杉、松、落叶松，以及大麻、花生、大豆等。

内蒙古锡林浩特（2022 年 7 月 8 日）

内蒙古锡林浩特（2022 年 7 月 8 日）

内蒙古锡林浩特（2022 年 7 月 8 日）

丽西伯灯蛾 *Sibirarctia kindermanni* (Staudinger)

分类地位：鳞翅目 Lepidoptera，目夜蛾科 Erebidae。

分布范围：宁夏、内蒙古、新疆、黑龙江、辽宁、河北；蒙古，俄罗斯。

形态特征：头和颈板黄褐色。触角暗黄褐色。胸部黑色。前翅黑色，斑纹黄白色，呈不规则网格状，非常复杂，缘毛黄白色。后翅红色，横脉纹黑色，亚端带黑色斑大而分离，缘毛黄白色。腹部红色，背面中央具纵黑色斑纹，侧面具黑色小点，腹面淡褐色。

生物学特性：未见报道。

内蒙古锡林浩特（2022 年 7 月 14 日）

内蒙古锡林浩特（2022 年 7 月 14 日）

夜蛾科 Noctuidae

首剑纹夜蛾 *Acronicta megacephala* (Denis et Schiffermüller)

分类地位：鳞翅目 Lepidoptera，夜蛾科 Noctuidae。

分布范围：黑龙江、内蒙古、新疆；伊朗，土耳其，俄罗斯，欧洲。

形态特征：成虫体长 18.0 mm 左右，翅展 42.0 mm 左右。头部及胸部黑色杂以白色，下唇须第 2 节有黑色条纹，颈板和翅基片有黑色条纹，足跗节有白黑色条纹。腹部白色，有黑色点；前翅白色，除中区外均密布黑色点，基线双线黑色，波浪形，止于亚中褶，内线双线黑色，波浪形外斜，线间灰色，环形纹微白色，中央带褐色，黑色边，肾形纹内有褐色圈，内缘黑色，中线外斜至肾形纹然后微弱，外线双线黑色，锯齿形，线间白色，亚端线白色，端线为 1 列黑色点；后翅白色，端区翅脉微黑。幼虫暗褐色，侧面淡褐色，有许多白色毛，各线由淡黄色点组成，第 10 节有 1 个黄白色斑，头部黑色，有白色斑。

发生危害：为害杨和柳。

内蒙古锡林浩特（2022 年 7 月 8 日）

梨剑纹夜蛾 *Acronicta rumicis* (Linnaeus)

分类地位：鳞翅目 Lepidoptera，夜蛾科 Noctuidae。

分布范围：华中、华西、西南、华东、华北、东北；欧洲，中亚，日本，印度，朝鲜。

形态特征：体长 14.0 mm 左右，翅展 32~46.0 mm。头胸棕灰色，额棕灰色，有 1 条黑色纹。跗节黑色间以淡褐色环。腹部背面浅灰色带棕褐色，基部毛簇微带黑色。前翅暗棕色间以白色，基线呈 1 条黑色短粗条纹，末端曲向内，内粗，黑色弯曲，环圆形，灰褐色，外围黑色，肾形纹淡褐色，半月形，有 1 黑条纹从翅前缘伸达肾形纹，外线双线曲折成锯齿状，在中脉处有 1 条白色新月形纹；亚端线白色，曲折，端线白色，外侧有 1 列三角形黑色斑，缘毛白褐色；前翅腹面淡褐色间以棕色，中室前方有 1 条暗色横纹；后翅背面棕黄色，边缘较暗，缘毛白褐色；后翅腹面黄褐色，边缘较暗，横脉纹显著。

发生危害：为害蓼、梨、桃、苹果、山楂、梅、柳等。

内蒙古陈巴尔虎旗（幼虫）（2023 年 7 月 21 日）

内蒙古陈巴尔虎旗（幼虫）（2023 年 7 月 21 日）

警纹地夜蛾 *Agrotis exclamationis* (Linnaeus)

分类地位：鳞翅目 Lepidoptera，夜蛾科 Noctuidae。

分布范围：内蒙古、甘肃、宁夏、新疆、西藏、青海。

形态特征：成虫体长 16.0~18.0 mm，翅展 36~38.0 mm。体灰色，头部、胸部灰色至微褐色，颈板具 1 条黑色纹，颈板灰褐色，雌虫触角线状，雄虫触角双栉状，分枝短。前翅灰色至灰褐色；有的前缘、外缘略显紫红色；横线多不明显，内横线暗褐色，波浪形；剑形纹黑色，肾形纹大，黑色边略带棕褐色；环形斑、棒形斑十分明显，尤其是棒形斑粗且长，黑色，较易辨别。后翅色浅，白色，微带褐色，前缘浅褐色。

发生危害：西北地区 1 年 2 代，以老熟幼虫在土中越冬，翌年 4 月化蛹。越冬代成虫 4~6 月出现，5 月上旬进入盛期。第 1 代幼虫发生在 5~7 月，龄期参差不齐，6~7 月为幼虫为害盛期。第 1 代成虫 7~9 月出现，10 月上中旬第 2 代幼虫老熟后进入土中越冬。成虫有趋光性。在青海西宁 1 年发生 1 代，以蛹越冬，成虫 6~8 月出现。寄主有油菜、萝卜、马铃薯、大葱、甜菜、苜蓿、胡麻。

内蒙古锡林浩特（2022 年 7 月 8 日）

内蒙古锡林浩特（2022 年 7 月 8 日）

内蒙古锡林浩特（2022 年 7 月 14 日）

内蒙古锡林浩特（2022 年 8 月 13 日）

旋窄眼夜蛾 *Anarta trifolii* (Hüfnagel)

分类地位：鳞翅目 Lepidoptera，夜蛾科 Noctuidae。

分布范围：北京、内蒙古、新疆、河北、甘肃、宁夏、青海、西藏；印度，亚洲西部，非洲北部，欧洲。

形态特征：成虫翅展 31.0~38.0 mm。头、胸灰褐色。前翅灰色带浅褐色，基横线、内横线及外横线均为双线，后者锯齿形；剑形纹褐色，环形纹灰黄色，肾形纹灰色，均围黑色边线，亚端线暗灰色，在 Cu_1、M_3 脉为大锯齿形，线内方 Cu_2~M_3 脉间有黑色齿纹。后翅白色带污褐色。腹部黄褐色。

发生危害：为害洋葱及多种草本植物。

内蒙古锡林浩特（2022 年 7 月 8 日）

内蒙古锡林浩特（2022 年 7 月 14 日）

内蒙古锡林浩特（2022 年 8 月 13 日）

暗灰逸夜蛾 *Caradrina montana* Bremer

分类地位：鳞翅目 Lepidoptera，夜蛾科 Noctuidae。
分布范围：北京、内蒙古；韩国，蒙古，印度，巴基斯坦，欧洲，北美洲。
形态特征：成虫翅展 32.0~35.0 mm。头、胸赭褐色。前翅灰黄色带褐色，基横线、内横线和外横线均为断续的黑色点列；环形纹不显，肾形纹窄，黑褐色；亚端线灰白色微波浪形。后翅白褐色，脉暗色；端线黑褐色。腹部灰褐色。
生物学特性：未见报道。

内蒙古锡林浩特（2022 年 8 月 13 日）

碧银冬夜蛾 *Cucullia argentea* (Hüfnagel)

分类地位：鳞翅目 Lepidoptera，夜蛾科 Noctuidae。

分布范围：北京、河北、内蒙古、黑龙江、新疆；日本，欧洲。

形态特征：成虫体长约 16.0 mm，翅展约 36.0 mm。头部褐色，胸部白色，颈板基部及端部、翅基片外缘及后胸毛簇褐色；腹部白色，基部几节背面赭黄色。前翅银白色。前、后缘各有 1 条灰绿色纵纹；各横线为灰绿色宽条，基横线内斜至中室，内横线内斜至 A 脉，外横线外斜至 M_1 脉间断，再从 5 脉内斜至后缘；内、外横线间在中脉及 A 脉由 1 条灰绿纵纹相连，中横线内弯至外横线 Cu_2~Cu_1 脉间；亚端线内斜，端线细，黑色。后翅白色，端区带有灰褐色。

生物学特性：未见报道。

内蒙古锡林浩特（2022 年 8 月 13 日）

内蒙古锡林浩特（2022 年 8 月 13 日）

嗜蒿冬夜蛾 *Cucullia artemisiae* (Hüfnagel)

分类地位： 鳞翅目 Lepidoptera，夜蛾科 Noctuidae。

分布范围： 北京、黑龙江、内蒙古、新疆、河北；欧洲。

形态特征： 雄虫翅展 43.0 mm。头、胸暗褐色杂灰色。前翅灰褐色，部分灰色，翅脉纹黑色；亚中褶有 1 条黑色纵纹，翅基部有 1 个小白色斑；基横线、内横线、中横线及外横线均黑色，内、外横线锯齿形；剑形纹外端有 1 个白色斑；环形纹、肾形纹灰色，后者后端稍内突；亚端线不清晰，锯齿形，顶角有 1 条灰斜纹，后翅黄白色，翅脉与端区褐色。腹部灰褐色、微黄色。

发生危害： 为害蒿属植物。

内蒙古锡林浩特（2022 年 7 月 8 日）

甘薯谐夜蛾 *Emmelia trabealis* (Scopoli)

分类地位：鳞翅目 Lepidoptera，夜蛾科 Noctuidae。

分布范围：黑龙江、河北、内蒙古、新疆、江苏、广东；欧洲，叙利亚，土耳其，伊朗，日本，朝鲜，阿富汗，非洲。

形态特征：体长 8.0~10.0 mm，翅展 19.0~22.0 mm。头、胸暗赭色，下唇须黄色，额黄白色，颈板基部黄白色；翅基部及胸背有淡黄色纹；腹部黄白色，背面微带褐色。前翅黄色，中室后及 1 脉各有 1 黑色纵条纹伸至外横线，外横线黑灰色，粗，起自 6 脉；环形纹、肾形纹为黑点，前缘脉有 4 个黑色小斑，顶角有 1 黑色斜条至亚端线前段，然后间断，在 5 脉成 1 小黑点，在臂角为 1 黑色曲纹，缘毛白色，有 1 列黑色斑；后翅烟褐色。幼虫淡红褐色，第 1、2 对腹足退化。

发生危害：为害甘薯、田旋花等。

内蒙古锡林浩特（2022 年 6 月 29 日）

内蒙古锡林浩特（2022 年 6 月 29 日）

梳跗盗夜蛾 *Hadena aberrans* (Eversmann)

分类地位：鳞翅目 Lepidoptera，夜蛾科 Noctuidae。

分布范围：北京、黑龙江、陕西、内蒙古、山东；日本。

形态特征：成虫翅展 30.0 mm。头部褐色，颈板及胸背白色微带褐色。前翅乳白色，内横线内侧及外横线外侧带有褐色；基横线黑色只达亚中褶；内横线双线黑色波浪形；剑形纹有黑色边；环形纹斜圆形，白色，有黑色边，中央大部分褐色，后端开放；肾形纹白色，中有黑色曲纹，黑色边，内缘黑色较向内扩展，后端外侧有 1 个黑色斑达外横线；外横线双线黑色锯齿形；亚端线白色微波浪形，内侧 Cu_1~M_2 脉间有 2 个齿形黑色小点。后翅与腹部浅褐色。

生物学特性：未见报道。

内蒙古锡林浩特（2022 年 6 月 29 日）

焰暗实夜蛾 *Heliocheilus fervens* (Butler)

分类地位：鳞翅目 Lepidoptera，夜蛾科 Noctuidae。

分布范围：内蒙古；俄罗斯，日本，韩国。

形态特征：翅展 28.0~32.0 mm。头部和胸部棕橙色；触角基部和近基部呈浅褐色，其余部分为灰白色；前翅的底色为棕橙色；两性后翅末端具淡色三角形斑块，但雌虫更模糊。

生物学特性：未见报道。

内蒙古锡林浩特（2022 年 7 月 29 日）

内蒙古锡林浩特（2021 年 7 月 19 日）

内蒙古锡林浩特（2021 年 7 月 19 日）

内蒙古锡林浩特（2021 年 7 月 19 日）

内蒙古锡林浩特（2021 年 7 月 30 日）

苜蓿实夜蛾 *Heliothis viriplaca* (Hüfnagel)

分类地位：鳞翅目 Lepidoptera，夜蛾科 Noctuidae。

分布范围：北京、黑龙江、内蒙古、新疆、河北、江苏、云南、西藏；日本，印度，缅甸，叙利亚，欧洲。

形态特征：成虫翅展约 34.0 mm。头、胸浅灰褐色带霉绿色。前翅灰黄色带霉绿色；环形纹只现 3 个黑色小点；肾形纹有几个黑色小点；中横线呈带状；外横线黑褐色锯齿形，与亚端线间呈污褐色。后翅赭黄色，中室及亚中褶内 1/2 带黑色，横脉纹与端带黑色。腹部霉灰色。

发生危害：为害苜蓿、柳穿鱼、矢车菊、芒柄花等。

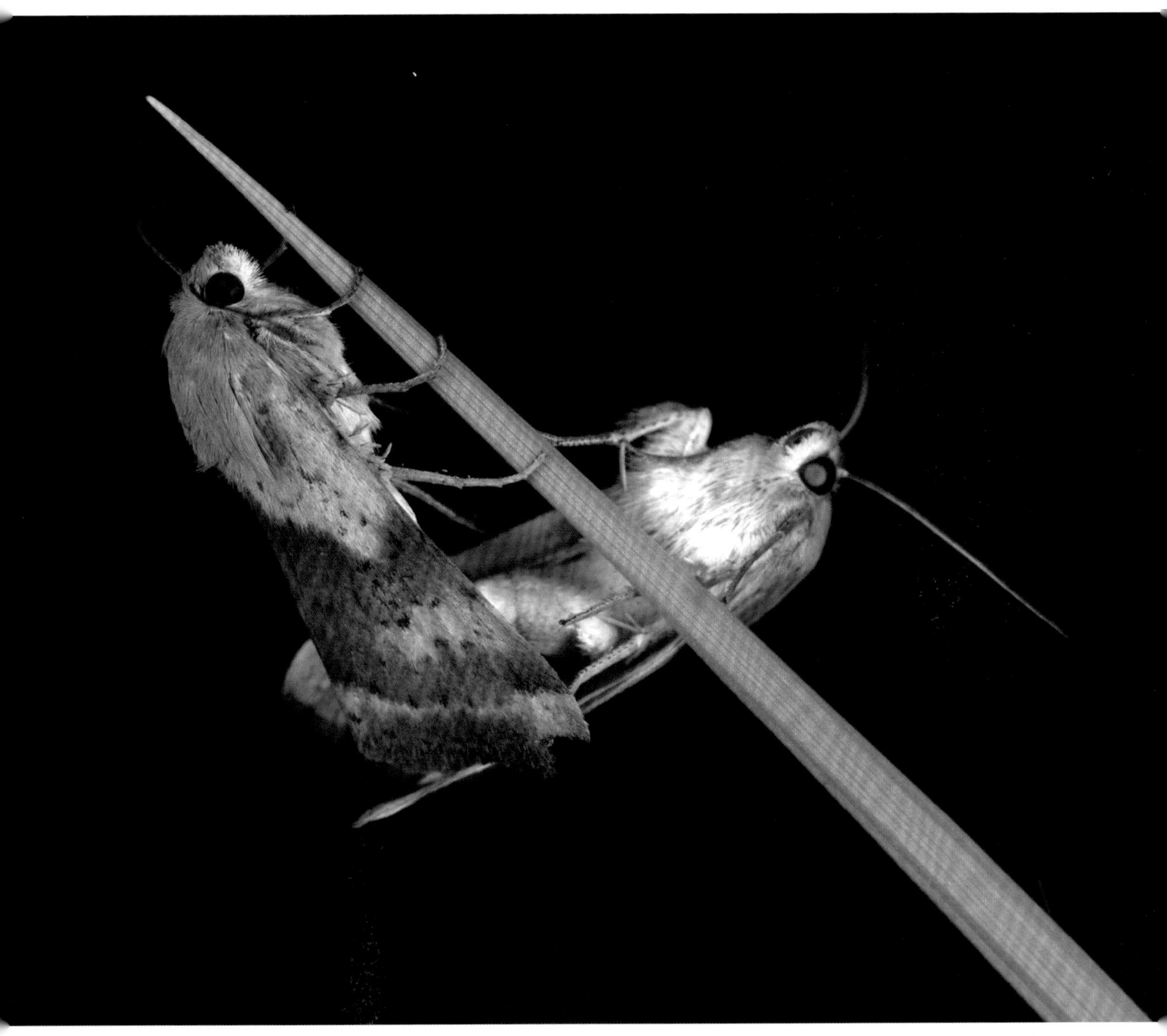

内蒙古锡林浩特（2022 年 8 月 7 日）

内蒙古锡林浩特（2022 年 7 月 4 日）

内蒙古锡林浩特（2021 年 7 月 14 日）

内蒙古锡林浩特（2021 年 7 月 8 日）

异安夜蛾 *Lacanobia aliena* (Hübner)

分类地位：鳞翅目 Lepidoptera，夜蛾科 Noctuidae。

分布范围：北京、内蒙古、黑龙江、新疆、甘肃；日本，欧洲。

形态特征：成虫翅展约45.0 mm。头、胸褐色杂灰色及少许黑色。前翅褐色，布有黑棕色细点；基横线、内横线及外横线均为黑色双线，基横线、内横线波浪形，外横线锯齿形，线间灰色；剑形纹有黑色边，外方有浅色纹；环形纹有灰白色环及黑色边；肾形纹内缘黑色；中横线黑色波浪形；亚端线灰色锯齿形在Cu、M脉处强外突。后翅褐色。腹部灰褐色。

发生危害：为害野豌豆属植物。

内蒙古锡林浩特（2022年6月21日）

华安夜蛾 *Lacanobia splendens* (Hübner)

分类地位：鳞翅目 Lepidoptera，夜蛾科 Noctuidae。

分布范围：北京、内蒙古、黑龙江、新疆；朝鲜，欧洲。

形态特征：成虫翅展 29.0~31.0 mm。头、胸紫褐色。前翅紫褐色，前缘区较灰，亚中褶基部有 1 个褐色斑；基横线白色，内横线棕色；剑形纹棕色；环形纹、肾形纹灰色，后半部分有深褐色斑；中横线深色；外横线棕色锯齿形，齿尖为长点状；亚端线白色，在 Cu_1、M_3、R_5 脉处外突，线内侧具 1 条深棕色窄带。后翅浅黄褐色，翅脉及端区褐色。腹部黄褐色。

发生危害：为害酸模、车前草。

内蒙古锡林浩特（2022 年 7 月 8 日）

广黏夜蛾 *Leucania comma* (Linnaeus)

分类地位：鳞翅目 Lepidoptera，夜蛾科 Noctuidae。

分布范围：黑龙江、青海、内蒙古、新疆；中亚，乌拉尔地区，西伯利亚，蒙古，俄罗斯，高加索地区，欧洲。

形态特征：翅展 35.0~40.0 mm。头、胸、前翅灰褐色，颈板有 1 条黑褐纹，前翅前缘区白色，分布有细黑色点，亚中褶基部 1 条黑纹外达 2 脉基部，1 脉内后方 1/2 处有 1 条黑纹，脉纹白色，中端有 1 个白点，端区各翅脉间有 1 条黑色纵纹。后翅与腹部浅赭褐色。雄蛾抱钩特长，背兜宽长，抱器腹宽，阳茎长。

生物学特性：未见报道。

内蒙古锡林浩特（2022 年 7 月 8 日）

内蒙古锡林浩特（2022 年 7 月 8 日）

蚀夜蛾 *Oxytripia orbiculosa* (Esper)

分类地位： 鳞翅目 Lepidoptera，夜蛾科 Noctuidae。

分布范围： 北京、吉林、内蒙古、青海、新疆；匈牙利，亚洲中部。

形态特征： 成虫体长 15.0~18.0 mm，翅展 37.0~44.0 mm。头部及颈板黑褐色，下唇须下缘白色，颈板有宽白色条；胸部背面褐色微带灰色；腹部黑色，各节端部白色。前翅红棕色或黑棕色，基横线黑色，外侧衬白色；内横线黑色，内侧衬白色，波浪形外斜，剑形纹具黑色边，环形纹灰黑色，肾形纹巨大，白色，约呈菱形，前半内侧有 1 条黑灰色纹；中横线黑色，前半外斜，浓黑色，后半部分波浪形，外横线黑色、锯齿形，前后端外侧衬白色斑；亚缘线黑色，锯齿形，前端外侧衬白色斑，其余衬有黄褐色斑，缘线为 1 黑色点，缘毛端部白色。后翅白色，缘区有 1 条褐色宽带，Cu_2 脉及后缘区黑褐色较深。

发生危害： 为害鸢尾科植物等。

内蒙古锡林浩特（2022 年 7 月 8 日）

宽胫夜蛾 *Protoschinia scutosa* (Denis et Schiffermüller)

分类地位：鳞翅目 Lepidoptera，夜蛾科 Noctuidae。

分布范围：河北、内蒙古、江苏；日本，朝鲜，印度，亚洲中部，美洲北部，欧洲。

形态特征：体长 11.0~15.0 mm，翅展 31.0~35.0 mm。头部及胸部灰棕色，胸部腹面白色；腹部灰褐色。前翅灰白色，大部分有褐色点；基横线黑色，只达亚中褶，内横线黑色、波浪形，后半部分向外斜伸，后端向内斜伸；剑形纹大，褐色具黑边，中央有 1 条淡褐色纵线；环形纹褐色黑边，肾形纹褐色，中央有 1 淡褐色弯曲纹，具黑色边，外横线黑褐色，向外斜伸至 4 脉前后折角向内斜伸；亚端线黑色,不规则锯齿形；外横线与亚端线间褐色,成 1 曲折宽带；中脉及 2 脉黑褐色，端线为 1 列黑色点；后翅黄白色，翅脉及横脉纹黑褐色，外横线黑褐色，端区有 1 条黑褐色宽带，2~4 脉端部有 2 个黄白色斑，缘毛端部白色。幼虫头部及身体青色，背线及气门线黄色黑色边，亚背线有黑色斑点。

发生危害：为害艾属、藜属。

内蒙古锡林浩特（2022 年 8 月 7 日）

内蒙古锡林浩特（2022 年 6 月 26 日）

内蒙古锡林浩特（2021 年 7 月 9 日）

内蒙古锡林浩特（2021 年 7 月 4 日）

内蒙古锡林浩特（2022 年 6 月 26 日）

舟蛾科 Notodontidae

杨二尾舟蛾 *Cerura menciana* Moore

分类地位：鳞翅目 Lepidoptera，舟蛾科 Notodontidae。

分布范围：中国广泛分布（除新疆、贵州和广西）；日本，朝鲜，俄罗斯。

形态特征：体长 8.0~10.0 mm，翅展 19.0~22.0 mm。头、胸暗赭色，下唇须黄色，额黄白色，颈板基部黄白色，翅基部及胸背有淡黄色纹；腹部黄白色，背面微带褐色。前翅黄色，中室后及 1 脉各有 1 黑色纵条纹伸至外横线；外横线黑灰色，粗，起自 6 脉；环形纹、肾形纹为黑色点，前缘脉有 4 个黑色小斑，顶角有 1 黑色斜条纹至亚端线前段，然后间断，在 5 脉成 1 个小黑点，在臂角为 1 条黑色弯曲纹，缘毛白色，有 1 列黑色斑。后翅烟褐色。幼虫淡红褐色，第 1、2 对腹足退化。

发生危害：1 年 2 代，以蛹在树干基部或裂缝内越冬（茧坚硬）。幼虫取食杨、柳。

内蒙古锡林浩特（幼虫）（2021 年 8 月 7 日）

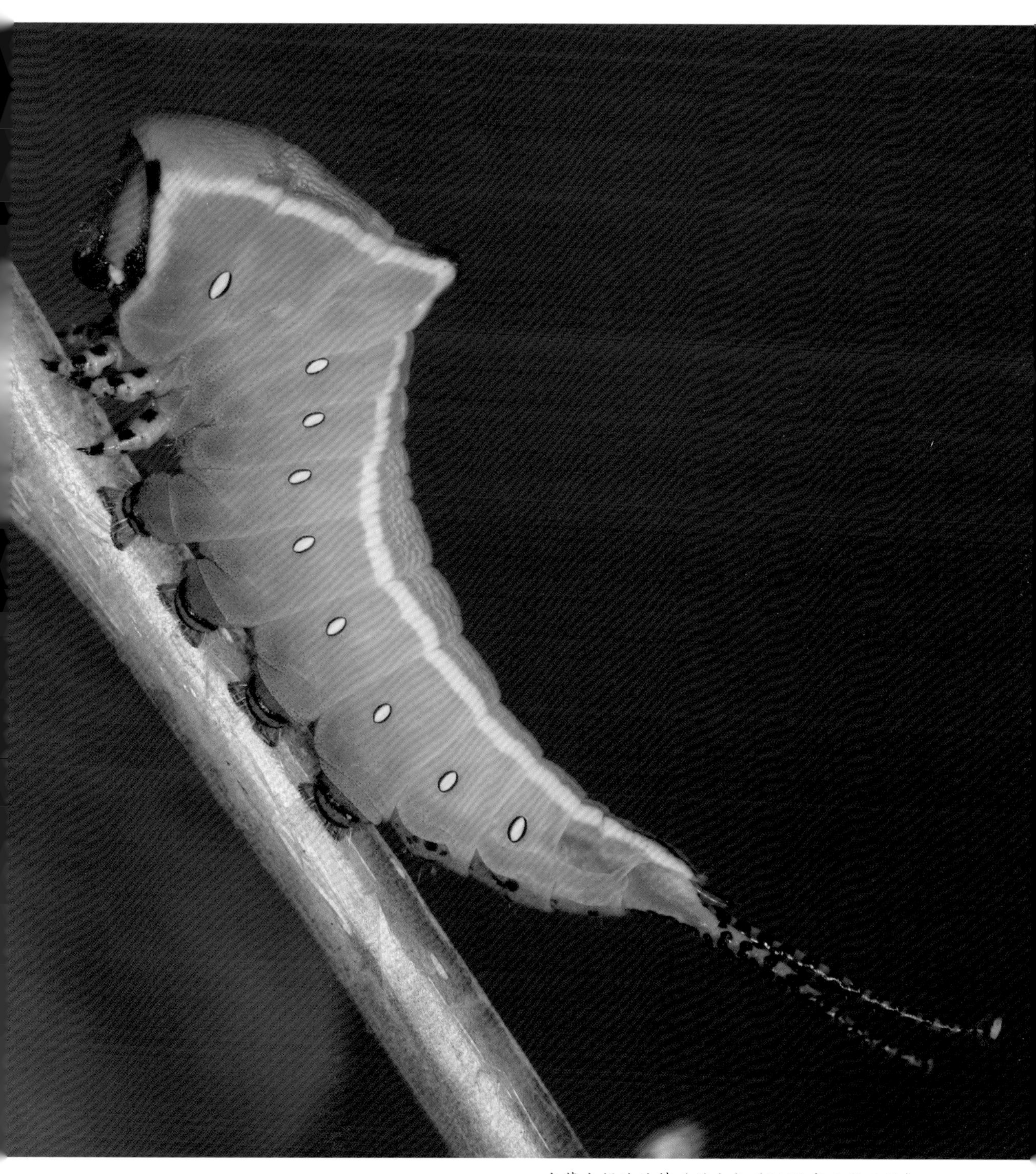

内蒙古锡林浩特（幼虫）（2021 年 8 月 7 日）

内蒙古锡林浩特（幼虫）（2021 年 8 月 7 日）

榆白边舟蛾 *Nerice davidi* Oberthür

分类地位：鳞翅目 Lepidoptera，舟蛾科 Notodontidae。

分布范围：北京、河北、山东、陕西、山西、黑龙江、吉林、辽宁、内蒙古、安徽、河南、江西、湖北；日本，朝鲜，俄罗斯。

形态特征：成虫翅展雄虫 32.5~42.0 mm，雌虫 37.0~45.0 mm。体灰褐色，翅基片灰白色。前翅前半部暗灰褐色带棕色，其后方边缘黑色，沿中室下缘纵行在 Cu_2 脉中央稍下方呈 1 个大的齿状弯曲；后半部灰褐色蒙有 1 层灰白色，尤与前半部分界处似呈 1 条白边；前缘外半部有 1 个灰白色纺锤形影状斑；内、外横线黑色，内横线在中室中央下方膨大成 1 个近圆形斑点，外横线锯齿形。后翅灰褐色，外部边缘具 1 条模糊暗色带。

发生危害：在北京 1 年 2 代，在陕西 1 年 4 代。以蛹在树下周围土壤内越冬，翌年 4 月中旬开始羽化，第 2、3、4 代成虫分别发生在 7、8、9 月，幼虫自 4 月下旬出现持续到 10 月。为害榆树。

内蒙古锡林浩特（2022 年 7 月 14 日）

羽蛾科 Pterophoridae

甘薯异羽蛾 *Emmelina monodactyla* (Linnaeus)

分类地位：鳞翅目 Lepidoptera，羽蛾科 Pterophoridae。

分布范围：陕西、甘肃、湖北、河北、北京、天津、黑龙江、浙江、福建、江西、内蒙古、山东、四川、青海、宁夏、新疆；日本，印度，中亚，欧洲，非洲，北美。

形态特征：翅展 18.0~28.0 mm。头灰白色至褐色，光滑。触角间淡黄色或白色，沿触角下方与复眼的上方相连成 U 形。后头区与颈部具许多直立、散生的鳞毛簇，颜色同头部。触角可达前翅长的 2/3。下唇须细长、上举，刚达或超过复眼上缘。胸部和基片灰白色至褐色。前翅灰白色至褐色，前缘基半部和后缘基部、中部均具 1 列小斑点，裂口前具 1 个小横斑，2 叶顶角偏下均具 2 个小斑，这些斑点的颜色比翅面略深。2 叶末端均锐；缘毛颜色比翅面略浅，前翅顶角下缘缘毛颜色要比其他地方深。后翅 3 叶均尖细，狭披针形；缘毛颜色较浅。足细长，灰白色至灰褐色。腹部细长，灰白色至灰褐色，背线颜色浅，各节基部均具 1 个小褐色斑，有的不太明显。

发生危害：寄主为旋花科的田旋花、地中海旋花、肾叶打碗花、甘薯、圆叶牵牛，藜科的藜、滨藜，茄科的曼陀罗，杜鹃花科的欧石楠、越橘，菊科的千里光，玄参科的金鱼草属，茄科的天仙子属植物。

内蒙古锡林浩特（2021 年 8 月 3 日）

草螟科 Crambidae

长须巢草螟 *Ancylolomia palpella* (Denis et Schiffermüller)

分类地位： 鳞翅目 Lepidoptera，草螟科 Crambidae。

分布范围： 新疆、内蒙古；伊朗，伊拉克，叙利亚，巴勒斯坦，土耳其，中亚，欧洲。

形态特征： 前翅长 14.0 mm。额和头顶淡黄色。下唇须淡黄色掺杂淡褐色，内侧和背面黄白色。下颚须淡黄色，末端白色。触角淡褐色。领片、胸部和翅基片淡黄色。前翅淡黄色，沿翅脉稀散布深褐色鳞片；亚外缘线齿状，与外缘平行；外缘淡褐色；缘毛白色，基线淡褐色。后翅和缘毛白色。足淡黄色。腹部淡黄色。

发生危害： 为害短柄草属。

内蒙古锡林浩特（2022 年 6 月 21 日）

茴香薄翅野螟 *Evergestis extimalis* (Scopoli)

分类地位：鳞翅目 Lepidoptera，草螟科 Crambidae。

分布范围：北京、黑龙江、吉林、辽宁、内蒙古、山东、江苏、陕西、四川、云南；朝鲜，美国，欧洲。

形态特征：成虫翅展约 28.0 mm。体黄褐色；头圆形倾斜，触角微毛状；下唇须向前平伸，第 2 节及第 3 节末端有褐色鳞；下颚须白色；胸、腹部背面浅黄色，腹面有白鳞。前翅淡黄色，沿翅外缘有 1 个暗褐色斑，翅后缘有宽边缘；后翅白色，稍带褐色，边缘有褐色曲线。

发生危害：幼虫吐丝卷叶取食心叶及嫩芽，结茧时食害豆荚。为害茴香、油菜、萝卜、白菜、甘蓝、荠菜、芥菜、甜菜。

内蒙古锡林浩特（2022 年 8 月 7 日）

草地螟 *Loxostege sticticalis* (Linnaeus)

分类地位： 鳞翅目 Lepidoptera，草螟科 Crambidae。

分布范围： 北京、河北、山西、内蒙古；亚洲北部，欧洲，北美洲。

形态特征： 成虫翅展 24.0~26.0 mm。体暗褐色；前翅暗褐色，中室端部有 1 个浅褐色方形斑，外缘线较宽，淡褐色；后翅灰褐色。

发生危害： 1 年 2 代。幼虫食性很杂，甜菜、大豆、紫苏、马铃薯、豌豆、胡萝卜、洋葱、菠菜、蓖麻、藜、苜蓿、茼蒿及瓜类叶片被取食成网状。

内蒙古锡林浩特（2022 年 6 月 21 日）

内蒙古锡林浩特（2021 年 6 月 6 日）

内蒙古锡林浩特（2021 年 5 月 29 日）

内蒙古锡林浩特（2021 年 6 月 6 日）

黄草地螟 *Loxostege verticalis* (Linnaeus)

分类地位：鳞翅目 Lepidoptera，草螟科 Crambidae。

分布范围：黑龙江、内蒙古、山东、陕西、新疆、江苏、四川、云南；朝鲜，日本，印度，俄罗斯（西伯利亚），欧洲。

形态特征：翅展 26.0~28.0 mm。头、胸和腹部褐色，下唇须下侧白色，前翅各脉纹颜色较暗，内横线倾斜呈弯曲波纹状，中室内有 1 条环带和 1 个卵圆形的中室斑，外横线细锯齿状，由翅前缘向 Cu_2 脉附近伸直，又沿着 Cu_2 脉到翅中室顶角以下收缩，亚外缘线细锯齿状向四周扩散，翅前缘和外缘略黑色；后翅外横线浅黑色，向 Cu_2 脉附近收缩，亚外缘线呈弯曲波纹状，外缘线暗黑色，翅腹面脉纹与斑纹深黑色。

发生危害：成虫于 6~7 月出现，8~9 月也见到。成虫具有趋光性，白天静伏于叶片上，如受惊扰则急起逃逸；晚间活动，扑向灯火。幼虫为害甜菜、苜蓿、藿香、矢车菊、酸模、小蓟、荨麻，取食叶片，大发生常成群为害并有迁徙习性。

内蒙古锡林浩特（2022 年 7 月 8 日）

稻黄筒水螟 *Parapoynx vittalis* (Bremer)

分类地位： 鳞翅目 Lepidoptera，草螟科 Crambidae。

分布范围： 北京、山东、江苏、浙江、湖南、陕西、福建、广东、台湾；朝鲜，日本。

形态特征： 成虫翅展 14.5~20.5 mm。头、胸部黄白色，胸部颜色稍淡黄，前额扁平，触角褐色或白色。前翅前缘中央有暗褐色点，中室有 2 个小黑色点，中室以下有 1 条斜线，外缘有宽横线，两侧暗褐色，中央有 1 条细白色带，缘毛白色；后翅基部斑点暗褐色，有 1 条暗褐色横线与 1 条宽黄色锯齿状横线，缘毛灰白色。

发生危害： 幼虫卷叶为害水稻秧苗，切断叶片裹成圆筒隐居，栖息于水面。

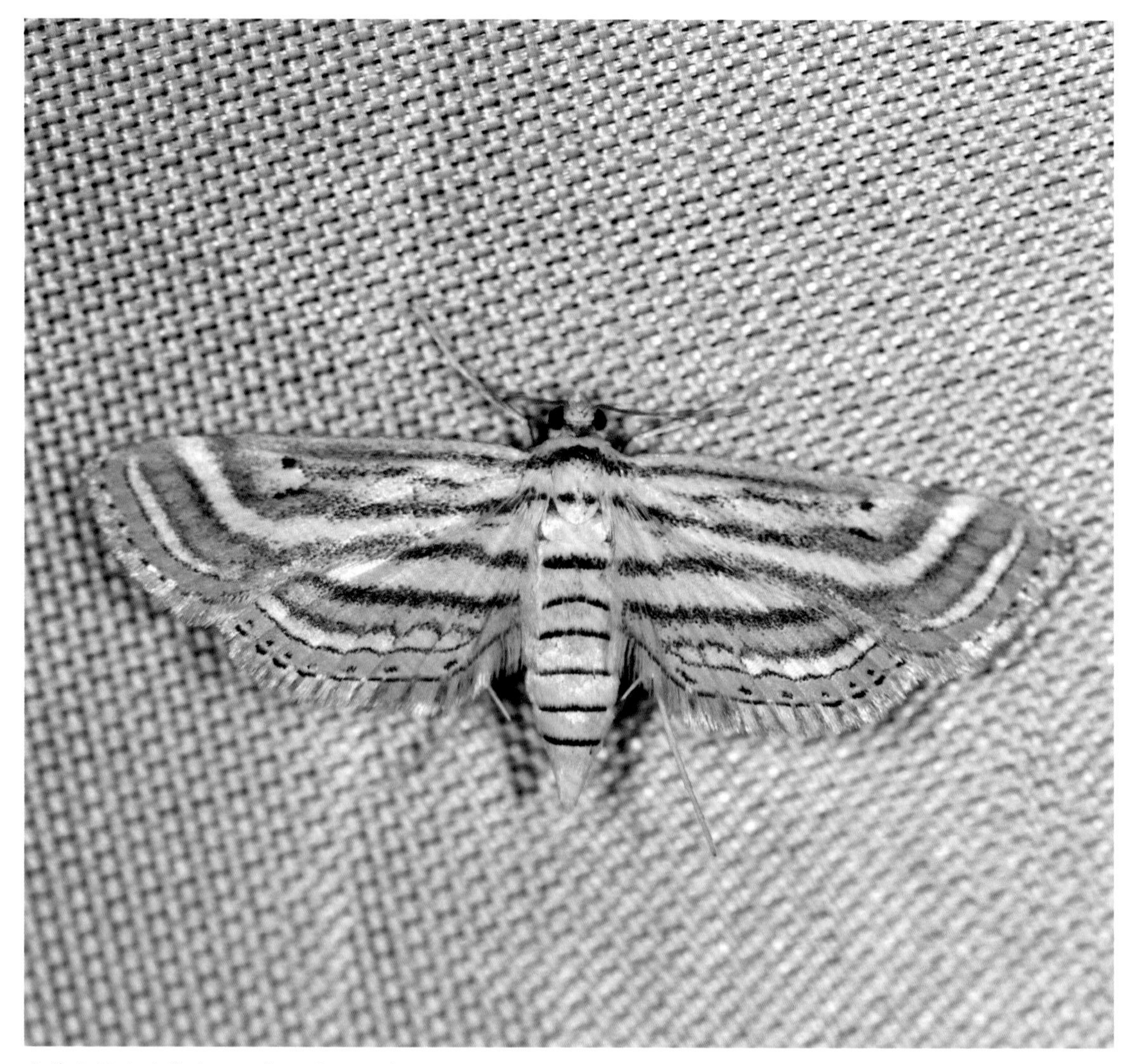

内蒙古锡林浩特（2021 年 7 月 15 日）

伞双突野螟 *Sitochroa palealis* (Denis et Schiffermüller)

分类地位：鳞翅目 Lepidoptera，草螟科 Crambidae。

分布范围：北京、黑龙江、内蒙古、河北、山西、山东、陕西、江苏、湖北、广东、云南；朝鲜，日本，印度，俄罗斯，欧洲。

形态特征：翅展 30.0~36.0 mm。体浅硫黄色；头部白色，中央灰黑色，额向外突出呈尖锥形，触角灰黑色微毛状，下唇须黑色；胸、腹部背面白色。前翅硫黄色，前缘黑色；后翅白色，翅顶有 1 个黑色斑，从前缘到后角有 1 条不明显的黑色横线。

发生危害：寄主为茴香、胡萝卜。

内蒙古锡林浩特（2022 年 7 月 19 日）

尖双突野螟 *Sitochroa verticalis* (Linnaeus)

分类地位： 鳞翅目 Lepidoptera，草螟科 Crambidae。

分布范围： 北京、陕西、甘肃、青海、宁夏、新疆、内蒙古、黑龙江、辽宁、河北、天津、山西、山东、江苏、四川、云南、西藏；日本，朝鲜，印度，俄罗斯，欧洲。

形态特征： 翅展 26.0~28.0 mm。前翅具黄褐色或褐色斑纹，内横线波状，中室内和中室端具斑纹，外横线和亚缘线小锯齿状，两横线的纹路较为一致；后具黑褐色的外横线和亚缘线；前后翅腹面具明显而大的黑褐色纹。

发生危害： 幼虫寄主为大豆、苜蓿、甜菜等，以丝缀叶，幼虫藏在其中，取食叶片。

内蒙古锡林浩特（2021 年 7 月 8 日）

螟蛾科 Pyralidae

二点织螟 *Lamoria zelleri* (Joannis)

分类地位：鳞翅目 Lepidoptera，螟蛾科 Pyralidae。

分布范围：北京、河北、四川、内蒙古、广东；朝鲜，日本，斯里兰卡，英国。

形态特征：成虫翅展雄虫 18.0~19.0 mm，雌虫 29.0~31.0 mm。雌蛾头、胸部紫灰褐色，腹部灰褐色；前翅红灰褐色，前缘及翅脉暗褐色，中室中央与末端各有 1 个圆形暗褐色斑，缘毛灰褐色，靠近基部有暗褐色线；后翅白色有绢丝般闪光，外缘略带褐色。雄蛾前翅红褐色，色泽比雌蛾鲜明，中室末端及中央各有 1 个细斑点；后翅白色。

发生危害：幼虫为害储藏粮食和杂草。

内蒙古锡林浩特（2022 年 7 月 14 日）

红云翅斑螟 ***Oncocera semirubella*** **(Scopoli)**

分类地位：鳞翅目 Lepidoptera，螟蛾科 Pyralidae。

分布范围：黑龙江、吉林、河北、北京、内蒙古、江苏、浙江、江西、湖南、广东、云南；日本，俄罗斯，印度，英国，保加利亚，匈牙利。

形态特征：翅展 24.0~32.0 mm。头部及下唇须红色，触角褐色，胸、腹部褐色，胸部背面肩角红色；前翅沿前缘有 1 条白色带，从中室基部向翅外缘有 1 条红色宽带，翅内缘鲜黄色，缘毛桃红色；后翅浅棕褐色，靠近外缘桃红色。

发生危害：寄主为紫苜蓿、白苜蓿、百脉根。

内蒙古锡林浩特（2022 年 7 月 8 日）

卷蛾科 Tortricidae

榆白长翅卷蛾 *Acleris ulmicola* (Meyrick)

分类地位：鳞翅目 Lepidoptera，卷蛾科 Tortricidae。

分布范围：北京、陕西、甘肃、青海、宁夏、内蒙古、黑龙江、天津、河北、河南、山东、台湾、西藏；日本，朝鲜，俄罗斯。

形态特征：翅展 16.0~17.0 mm。体及前翅从灰白色到暗灰色；下唇须外侧灰色，内侧灰白色，前伸，第 3 节小；前翅翅面具小网格，呈 3 条具分散竖鳞的灰褐色斑纹。第 1 条窄，或呈点状；第 2 条出自前翅中部之前伸达后缘 3/4；第 3 条较宽，扩展至臀角。

发生危害：幼虫取食多种榆树，2 片或多片叶子缀在一起，在其中取食。

内蒙古锡林浩特（2022 年 7 月 8 日）

尖突窄纹卷蛾 *Cochylimorpha cuspidata* (Ge)

分类地位：鳞翅目 Lepidoptera，卷蛾科 Tortricidae。

分布范围：北京、陕西、甘肃、宁夏、新疆、天津、内蒙古、黑龙江、辽宁、河北、山西、河南、安徽、湖北；朝鲜。

形态特征：翅展 13.0~14.5 mm。头白色，下唇须下垂，外侧黄褐色，内侧白色；胸及翅基片白色；前翅黄白色，翅基中央具 1 条黄褐色纵斑，斑纹可扩大，中带黄褐色，斜置，中部外突，中带后缘外侧具 1 个黄褐色斑，亚端斑黄褐色，中部略扩大，顶端具 1 个小黄褐色斑，外缘及缘毛黄褐色至褐色。

生物学特性：未见报道。

内蒙古锡林浩特（2022 年 7 月 14 日）

钩白斑小卷蛾 *Epiblema foenella* (Linnaeus)

分类地位：鳞翅目 Lepidoptera，卷蛾科 Tortricidae。

分布范围：黑龙江、吉林、河北、山东、湖南、江苏、安徽、江西、青海、云南、福建、台湾；日本，印度。

形态特征：翅展 19.0 mm 左右。下唇须略向上举；头、胸、腹部深褐色；前翅黑褐色，由后缘距基部 1/3 的地方有 1 条白色带伸向前缘，到中室前缘又以 90° 折角向臀角方向延伸，同时逐渐变细，止于中室下角外方，有的与肛上纹相连；整个白色斑呈钩状，肛上纹很大，里面有几个黑褐色斑点；前缘近顶角附近有 4 对钩状纹；后翅和缘毛皆呈黑褐色。

发生危害：幼虫为害艾蒿的根部和茎下部。

内蒙古锡林浩特（2022 年 7 月 14 日）

小菜蛾 *Plutella xylostella* (Linnaeus)

分类地位： 鳞翅目 Lepidoptera，卷蛾科 Tortricidae。

分布范围： 中国广泛分布；欧洲、亚洲、非洲、美洲、大洋洲及新西兰和夏威夷群岛。

形态特征： 翅展达到 15.0 mm，体长 6.0 mm。前翅窄，前部边缘为灰褐色，有黑色斑点，后部边缘有奶油色的波浪状斑纹，有时会收缩成 1 个或更多的钻石状图样，因此也被称作钻背蛾。后翅同样窄小，呈浅灰色。喙显著。

发生危害： 主要为害十字花科植物的叶子、芽及花。

内蒙古锡林浩特（2022 年 6 月 21 日）

内蒙古锡林浩特（2022 年 7 月 12 日）

半翅目
Hemiptera

蚜科 Aphididae

豆蚜 *Aphis craccivora* Koch

分类地位：半翅目 Hemiptera，蚜科 Aphididae。

分布范围：世界广泛分布。

形态特征：无翅孤雌蚜体长 2.0~2.3 mm。体漆黑色，具光泽；触角浅色，基部及端部黑褐色；足腿节端部、胫节端部及以下黑褐色。腹管长，稍长于体长的 1/5，为尾片的 1.2~2.2 倍，尾片中部不收缩。

发生危害：寄主为多种豆科植物，如蚕豆、豇豆、菜豆、紫苜蓿、刺槐、紫藤等；在嫩枝、花茎、嫩叶及豆荚背面群集生活。

内蒙古锡林浩特（2022 年 7 月 26 日）

内蒙古锡林浩特（2022 年 7 月 26 日）

夹竹桃蚜 *Aphis nerii* Boyer de Fonscolombe

分类地位：半翅目 Hemiptera，蚜科 Aphididae。

分布范围：北京、新疆、吉林、河北、天津、山西、河南、山东、江苏、上海、浙江、福建、台湾、广东、广西、云南；世界广泛分布（尤其热带和亚热带地区）。

形态特征：无翅孤雌蚜体长 1.9~2.1 mm。体柠檬黄色至金黄色；触角黑色，第 3~5 节基部黄色（浅色区会缩小）；足黄色，腿节端部、胫节端部及跗节黑色；腹管、尾片黑色；触角长于体长之半，腹部筒形，尾片舌状，不足腹管长之半。

发生危害：寄主为夹竹桃、萝藦、地梢瓜、白薇、牛皮消、马利筋等，在嫩梢、嫩叶（多在背面）上取食，众多蚜虫会在叶背或嫩茎上集体“跳舞”。捕食性天敌有多异瓢虫和六斑月瓢虫等，偶尔见黑褐草蚁访问。

内蒙古科右中旗（2021 年 7 月 13 日）

桃粉大尾蚜 *Hyalopterus arundiniformis* Ghulamullah

分类地位： 半翅目 Hemiptera，蚜科 Aphididae。

分布范围： 中国广泛分布；几乎是世界性分布（美国等属入侵种）。

形态特征： 又称桃粉蚜。无翅孤雌蚜体长 1.5~2.6 mm。体多为淡绿色，具深绿色斑纹，被白色蜡粉。头背具 3 对刚毛，其中前 1 对毛稍长，约稍短于触角第 2 节直径。触角短，为体长的 1/2~3/4。腹管浅色，向端部变深色，短小，长为宽的 1.6~2.5 倍，长不及尾片。

发生危害： 寄生桃、油桃和山杏。

宁夏平罗（2021 年 7 月 14 日）

宁夏平罗（2021 年 7 月 14 日）

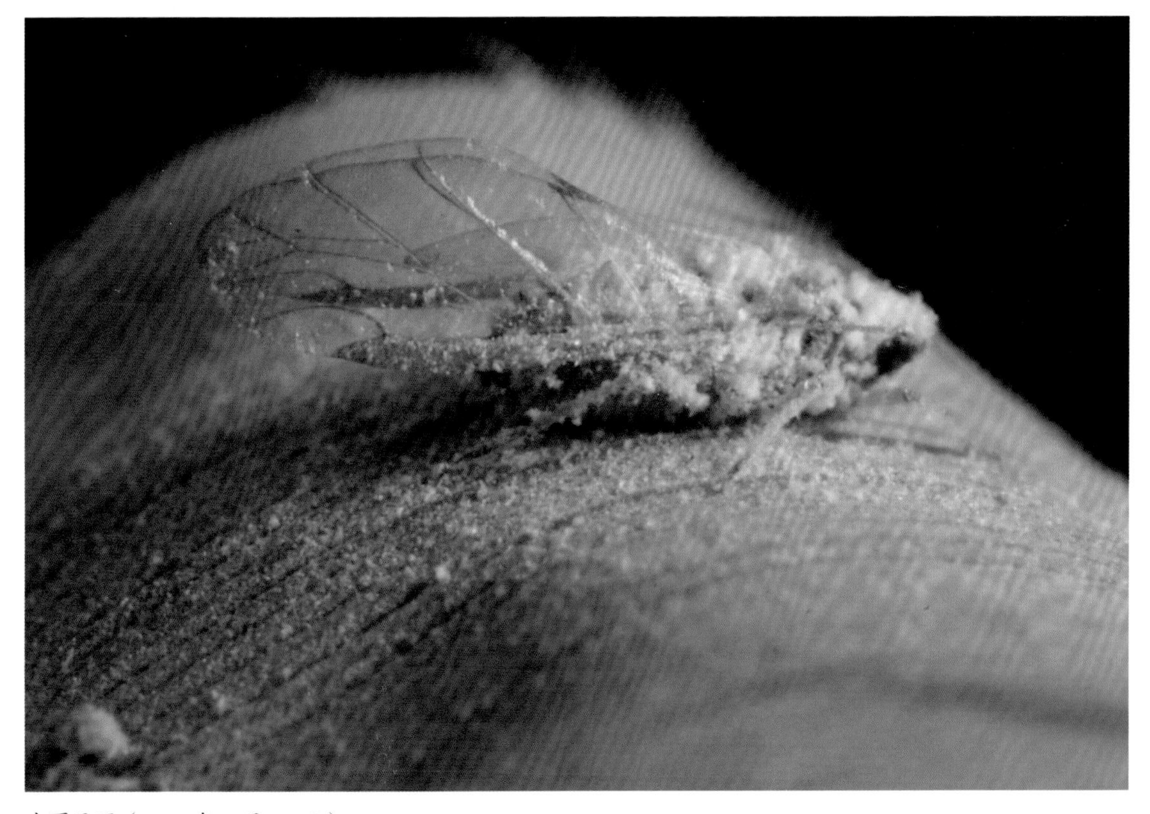

宁夏平罗（2021 年 7 月 14 日）

宁夏平罗（2021 年 7 月 14 日）

阿小长管蚜楚孙亚种 *Macrosiphoniella abrotani chosoni* Szelegiewicz

分类地位：半翅目 Hemiptera，蚜科 Aphididae。

分布范围：北京、内蒙古、辽宁、黑龙江、天津；朝鲜半岛，俄罗斯。

形态特征：无翅孤雌蚜体长 3.0 mm。体绿色，被有薄的白色蜡粉；复眼红色；触角浅色，第 3 节端部至末端黑色；喙端部黑色；足浅褐色，胫节端部及跗节黑褐色；腹管基部浅褐色，端半部黑色；尾片与腹管基部同色，近基部稍收窄。

发生危害：在北京寄生在黄花蒿的茎上，也见于大籽蒿的茎上，天津见于艾蒿的叶片上。

内蒙古科右中旗（2021 年 7 月 5 日）

榆华毛蚜 *Sinochaitophorus maoi* Takahashi

分类地位：半翅目 Hemiptera，蚜科 Aphididae。

分布范围：北京、青海、内蒙古、黑龙江、吉林、辽宁、河北、河南、山东；俄罗斯，蒙古。

形态特征：无翅孤雌蚜体长 1.8~2.1 mm。体红棕色至灰白色，头背面黑色，体背具 4 列较大黑色斑及许多小黑色点，有时黑色斑扩大相连，背面全部黑色，或仅中央浅色；触角颜色有变化，通常为黑褐色，但第 3 节除端部外浅色，有时浅色部分扩大，

内蒙古科右中旗（2021 年 7 月 9 日）

导致第 2~4 节呈浅色；腹管黑褐色；足浅色，腿节外侧端部、胫节端部及跗节灰黑色。触角短，约为体长的 0.4 倍，各节比例为 32 : 31 : 100 : 71 : 71 :（63+22），第 3 节上毛长，约为其直径的 2.3 倍；腹管短小，高与宽相近；尾片瘤状。

发生危害： 1 年多代，以卵在枝条上越冬。寄主为榆树，多生活在叶背面主脉两侧，也可见于叶正面和嫩枝。常有黑褐草蚁、日本弓背蚁、亮毛蚁及银白齿小斑腹蝇幼虫捕食。

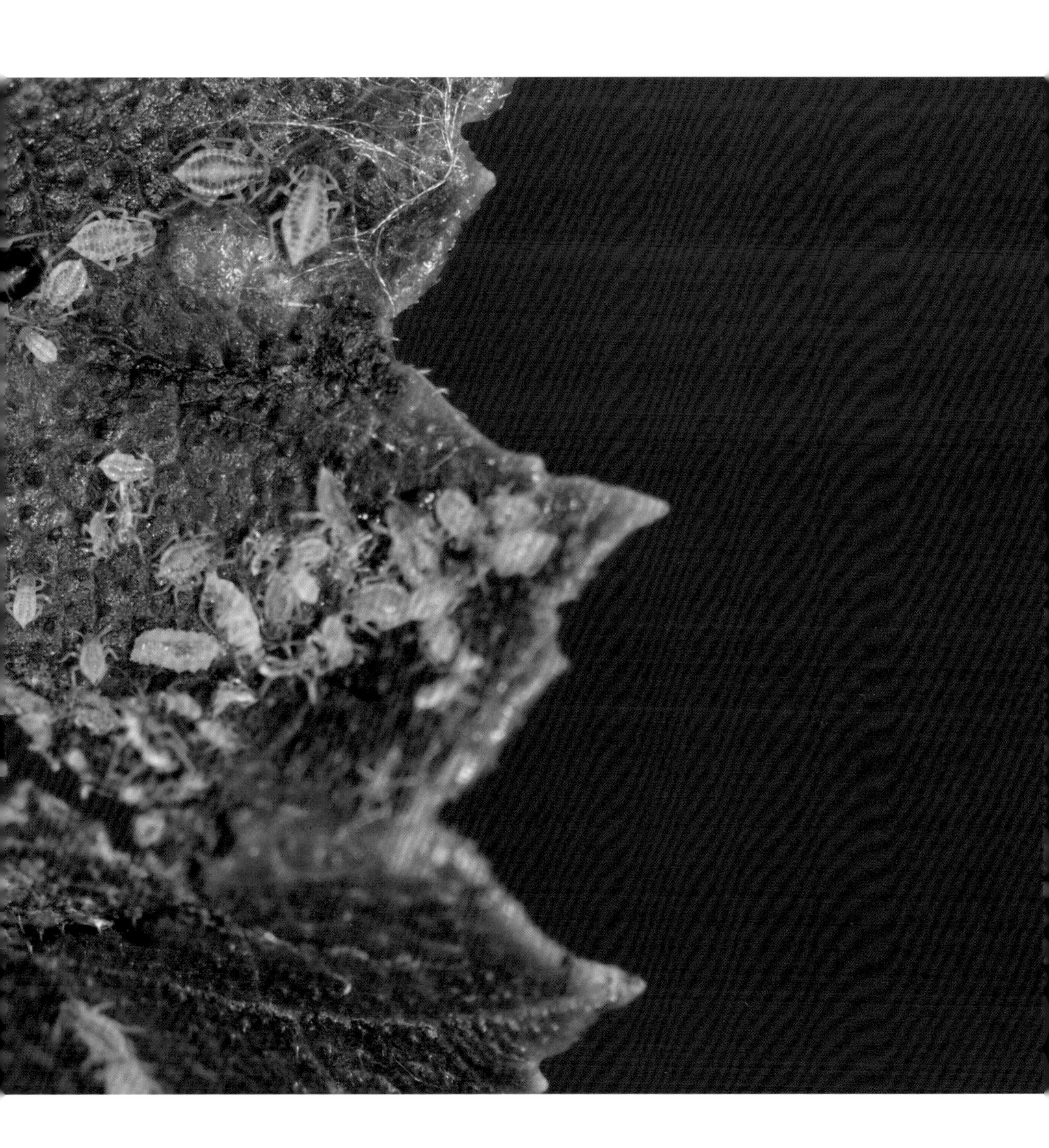

黑腹四脉绵蚜 *Tetraneura* (*Tetraneurella*) *nigriabdominalis* (Sasaki)

分类地位：半翅目 Hemiptera，蚜科 Aphididae。

分布范围：北京、宁夏、甘肃、新疆、内蒙古、黑龙江、辽宁、河北、天津、山西、河南、山东、江苏、上海、浙江、福建、台湾、湖北、湖南、广西；日本，朝鲜半岛，欧洲，北美洲。

形态特征：有翅孤雌蚜体长 1.4~2.3 mm。体黑褐色，触角黑褐色，前翅透明，翅痣黑色。触角第 4 节约为第 3 节的 1/3，远短于第 5 节（不及后者的一半），各节比例为 22 : 22 : 100 : 30 : 72 : 26，第 3~5 节的次生感觉圈数分别为 9~14、2~4、8~11 个，第 6 节无次生感觉圈。

发生危害：寄主为多种榆树，在叶正面中脉两侧形成袋状虫瘿，虫瘿基部常具柄，端部略尖，高 15.0~40.0 mm；次生寄主多为禾本科植物的根部，如高粱、玉米、马唐、狗尾草等，也有记录其他植物（如蒿、大豆）。

内蒙古锡林浩特（2022 年 7 月 16 日）

内蒙古锡林浩特（2022 年 7 月 16 日）

红花指网管蚜 *Uroleucon gobonis* (Matsumura)

分类地位：半翅目 Hemiptera，蚜科 Aphididae。

分布范围：北京、内蒙古、陕西、甘肃、宁夏、新疆、黑龙江、吉林、辽宁、天津、河北、河南、山东、江苏、浙江、福建、台湾；日本，朝鲜半岛，俄罗斯，蒙古，哈萨克斯坦。

形态特征：无翅孤雌蚜体长 2.5~3.6 mm。体暗褐色至漆黑色；足腿节基部浅黄色，胫节中部或大部色浅。触角长于体长，第 3 节稍短于第 4、5 节之和；腹管细长，可达体长的 1/3，约为尾片长的 1.8 倍。

发生危害：多见于泥胡菜的嫩茎和叶上，数量很大；也寄生在牛蒡、红花、飞廉蓝刺头、苍术等植物上。

内蒙古科右中旗（2021 年 7 月 5 日）

尖胸沫蝉科 Aphrophoridae

牧草长沫蝉 *Philaenus spumarius* (Linnaeus)

分类地位：半翅目 Hemiptera，尖胸沫蝉科 Aphrophoridae。

分布范围：河南、内蒙古、新疆；美国，北非，阿富汗，日本，加拿大，亚速尔群岛，新西兰。

形态特征：体长 5.3~6.9 mm。体黄白色至黑色；前胸背板无中脊；体型修长；前翅外缘凸起，骨板没有中脊；足胫节后端具 8 个刺，排列不明显；雄虫生殖器端部具 6 个角状附属物，上部圆形。

发生危害：成虫在春天出现，一直活到秋天，从夏末开始产卵。食性多样，主要为害禾本科植物、草本植物，有时也取食树木（包括橄榄树），共计有 170 多种寄主植物。

内蒙古陈巴尔虎旗（2023 年 7 月 21 日）

内蒙古陈巴尔虎旗（2023 年 7 月 21 日）

内蒙古陈巴尔虎旗（2023 年 7 月 21 日）

叶蝉科 Cicadellidae

纵带铲头叶蝉 *Hecalus lineatus* (Horváth)

分类地位：半翅目 Hemiptera，叶蝉科 Cicadellidae。

分布范围：内蒙古。

形态特征：体型紧凑。头冠部具接近平行的黄色色带花纹，色带花纹在中线处不宽泛相连，头冠长度与两眼间的宽度近似相等；前胸背板具色带，前翅有 1 个或多个额外的横脉，有 2 条分开的翅爪脉；阳茎顶端具突起，且不具从柄基部伸出的任何突起。

生物学特性：未见报道。

内蒙古陈巴尔虎旗（2021 年 5 月 8 日）

黑点片角叶蝉 *Podulmorinus vitticollis* (Matsumura)

分类地位：半翅目 Hemiptera，叶蝉科 Cicadellidae。

分布范围：北京、甘肃、内蒙古、黑龙江、贵州、山东；日本，朝鲜。

形态特征：体连翅长 5.8~6.4 mm。体浅灰褐色，头冠具 2 对黑色斑，黑色斑接近复眼；颜面橙黄色，无任何斑纹；前胸背板前缘域散生不规则黑色斑，中后部暗褐色；小盾片基角处具三角形黑色斑，中间具前端分 2 叉的钉耙形黑色纹，两侧各具 1 个黑色点。

发生危害：主要为害槐、杨、柳等。

内蒙古科右中旗（2021 年 7 月 15 日）

内蒙古科右中旗（2021 年 7 月 15 日）

角蝉科 Membracidae

黑圆角蝉 *Gargara genistae* (Fabricius)

分类地位：半翅目 Hemiptera，角蝉科 Membracidae。

分布范围：中国广泛分布；亚洲，欧洲，非洲，北美洲。

形态特征：体长 3.9~5.5 mm。体褐色至黑褐色，密生刻点和黄色细毛；前胸背板呈圆形鼓起，后角尖，末端超过前翅中部；前翅无色透明，或具有不规则的晕斑，基部褐色至黑褐色。

发生危害：一般 1 年发生 1 代，以卵在枝梢上越冬。若虫刺吸幼枝、芽和叶的汁液。成虫吸食枝叶汁液。主要为害槐、枣、酸枣、刺槐、枸杞、柿、桃、荆条、苜蓿等。

内蒙古锡林浩特（2022 年 8 月 9 日）

内蒙古锡林浩特（2021 年 8 月 2 日）

内蒙古锡林浩特（2022 年 8 月 10 日）

内蒙古锡林浩特（2021 年 8 月 18 日）

内蒙古锡林浩特（2021 年 8 月 18 日）

绵蚧科 Monophlebidae

履绵蚧 *Drosicha corpulenta* (Kuwana)

分类地位：半翅目 Hemiptera，绵蚧科 Monophlebidae。

分布范围：辽宁、新疆及华北、华中、华东地区。

形态特征：雌成虫体长 7.8~10.0 mm，宽 4.0~5.5 mm。体椭圆形，形似草鞋，背略突起，腹面平，体背暗褐色，边缘橘黄色，背中线淡褐色，触角和足亮黑色；体分节明显，胸背可见 3 节，腹背 8 节，多横皱褶和纵沟；体被细长的白色蜡粉。雄成虫体紫红色，长 5.0~6.0 mm；翅 1 对，翅展约 10.0 mm，淡黑色至紫蓝色，前缘脉红色；触角 10 节，除基部 2 节外，其他各节生有长毛，毛呈三轮形；头部和前胸红紫色，足黑色；尾瘤长，2 对。

发生危害：大多以卵在卵囊内于寄主植物根际附近土壤、墙缝、树皮缝、枯枝落叶层及石块堆下越冬。为害柳、槐、白蜡、臭椿、柿、稠李、枫杨、栎、板栗、胡颓子、苹果、樱花、玉兰、蜡梅、玫瑰、黄刺玫、海桐、扶桑、珊瑚树、月季、大丽花等。

新疆乌鲁木齐（2023 年 5 月 9 日）

内蒙古锡林浩特（2021 年 8 月 18 日）

内蒙古锡林浩特（2021 年 8 月 18 日）

内蒙古锡林浩特（2022 年 8 月 9 日）

内蒙古锡林浩特（2022 年 8 月 10 日）

飞虱科 Delphacidae

阿拉飞虱 *Delphax alachanicus* Anufriev

分类地位： 半翅目 Hemiptera，飞虱科 Delphacidae。

分布范围： 甘肃、新疆、内蒙古。

形态特征： 黄褐色或褐色。额端部及额中部具黄白色横带，后者扩展至颊的基部；前胸和中胸背板黄白色，侧区各具 1 条黑褐色斜边。前翅除爪片后缘有 1 黑褐色条纹外，其余斑纹大致同滨海飞虱，翅的其余部分为黄白色。各胸足暗褐色或褐色，腹部和生殖节黑褐色。短翅型雌虫黄褐色，前胸和中胸背板侧区有 1 个黑褐色斑。前翅中部有 1 条狭窄的黑褐色或暗褐色纵纹，翅斑暗褐色。前胸背板稍短于头顶，中胸背板稍长于头顶和前胸背板长度之和。后足胫距后缘具齿 36 枚。雄虫臀节衣领状，陷入尾节背窝内，臀刺突 1 对，近等长，侧面观，从后背角伸出；尾节后开口长稍大于宽，腹缘中部剜陷，背侧角宽，顶端圆，向中部翻折，腹面观，膈突较宽，顶端略膨大，圆弧形。

发生危害： 寄主为芦苇和芨芨草。

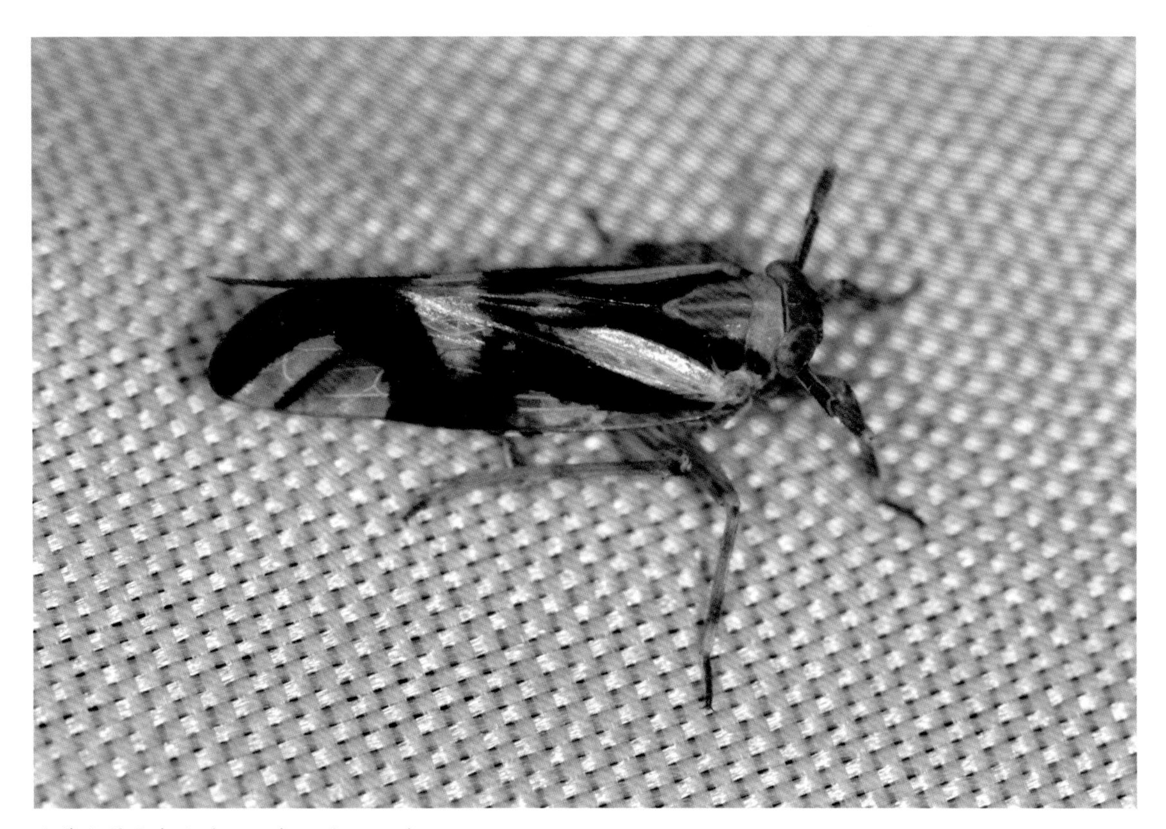

内蒙古科右中旗（2021 年 7 月 15 日）

蛛缘蝽科 Alydidae

黑长缘蝽 *Megalotomus junceus* (Scopoli)

分类地位：半翅目 Hemiptera，蛛缘蝽科 Alydidae。

分布范围：内蒙古、河北、山东、江苏；蒙古，德国，法国，意大利，瑞士，奥地利，捷克，斯洛伐克，匈牙利，罗马尼亚。

形态特征：体长 12.5~14.5 mm，宽 2.5~3.0 mm。体黑褐色或黑色，密布刻点，被浅色平伏和半直立毛。头大，三角形，长和宽与前胸背板约相等。触角第 1~3 节黑色，第 4 节稍浅，各节基部常浅色，第 1 节长于第 2 节，约与第 3 节等长，第 4 节长于第 2、3 节之和。前胸背板前端有 1 条浅横沟，沟前部分刻点极不明显，中央有 1 个 M 形凹陷；侧角尖锐成刺状，小盾片密被小颗粒。前翅革片翅脉色稍浅，前侧缘中部及革片顶角中央棕黄色。腹部背板黑色，两侧浅色，第 2、4、5 节背板后缘中央向后突出；侧接缘黑色，第 4~7 节基角黄色。体腹面黑色。复眼下后方、中胸腹板中央具浅色纵带。各足腿节黑褐色，胫节及跗节浅色，后足腿节腹侧具 1 列长刺。腹部腹板基部中央有 1 条浅色纵脊。

发生危害：在内蒙古东部林区及森林草原区，4 龄若虫 7 月下旬出现。为害胡枝子等豆科植物。

内蒙古科右中旗（2021 年 7 月 13 日）

内蒙古科右中旗（2021 年 7 月 13 日）

点蜂缘蝽 *Riptortus pedestris* (Fabricius)

分类地位：半翅目 Hemiptera，蛛缘蝽科 Alydidae。

分布范围：北京、辽宁、内蒙古、陕西、四川、西藏，东至沿海各省，南达广东、海南；印度，缅甸，斯里兰卡，马来西亚。

形态特征：体长 15.0~17.0 mm，宽 3.6~4.5 mm。体狭长，黄褐色至黑褐色，被白色细绒毛。头在复眼前部成三角形，后部细缩如颈。触角第 1 节长于第 2 节，第 1、2、3 节端部稍膨大，基半部色淡，第 4 节基部距 1/4 处色淡。喙伸达中足基节间。头、胸部两侧的黄色光滑斑纹呈点斑状或消失。前胸背板及胸侧板具许多不规则的黑色颗粒，前胸背板前叶向前倾斜，前缘具领片，后缘有 2 个弯曲，侧角成刺状，小盾片三角形。前翅膜片淡棕褐色，稍长于腹末。腹部侧接缘稍外露，黄黑色相间。足与体同色，胫节中段色淡，后足腿节粗大，有黄色斑，腹面具 4 个较长的刺和几个小齿，基部内侧无突起，后足胫节向背面弯曲。腹下散生许多不规则的小黑色点。

发生危害：江西南昌 1 年 3 代，以成虫在枯枝落叶和草丛中越冬，翌年 3 月下旬开始活动，4 月下旬至 6 月上旬产卵，5 月下旬至 6 月下旬陆续死亡。第 1 代于 5 月上旬至 6 月中旬孵出，6 月上旬至 7 月上旬羽化，6 月中旬至 8 月中旬产卵。第 2 代于 6 月中旬末至 8 月下旬孵出，7 月中旬至 9 月中旬羽化，8 月上旬至 10 月下旬产卵。第 3 代于 8 月上旬末至 11 月初孵出，9 月上旬至 11 月中旬羽化。成虫于 10 月下旬至 11 月下旬陆续蛰伏越冬。为害大豆、菜豆、蚕豆、豇豆、绿豆等豆科植物，亦能吸食水稻、麦类、棉花、麻、丝瓜、野燕麦等的汁液。

北京朝阳（2022 年 8 月 10 日）

北京朝阳（2022 年 8 月 10 日）

北京朝阳（2022 年 8 月 10 日）

北京朝阳（2022 年 8 月 10 日）

内蒙古锡林浩特（若虫）（2022 年 7 月 17 日）

内蒙古锡林浩特（若虫）（2022 年 7 月 17 日）

内蒙古锡林浩特（若虫）（2022 年 7 月 17 日）

内蒙古锡林浩特（若虫）（2022 年 7 月 17 日）

缘蝽科 Coreidae

东方原缘蝽 *Coreus marginatus* (Linnaeus)

分类地位：半翅目 Hemiptera，缘蝽科 Coreidae。

分布范围：河北、辽宁、吉林、内蒙古、黑龙江；俄罗斯，朝鲜，日本。

形态特征：体长 13.0~14.5 mm，宽 6.5~7.5 mm。体窄椭圆形，棕褐色，被细密黑色小刻点。头小，椭圆形。触角 4 节，生于头顶端，多为红褐色，触角基内端刺向前延伸，互相接近，第 1 节最粗，第 2 节最长，第 4 节为长纺锤形。喙 4 节，褐色，达中足基节。前胸背板前角较锐，侧缘几平直，侧角较为突出，小盾片小，正三角形。前翅几达腹部末端，膜质部深褐色，透明，有极多纵脉。足棕褐色，腿节深褐色，腿、胫节上被细密黑色刻点，爪黑褐色。腹部亦为棕褐色，侧接缘显著，两侧突出，各节中央色浅，腹部气门深褐色。

发生危害：黑龙江 1 年发生 1 代，以成虫越冬，7~8 月田间比较常见。为害蚊子草、龙牙草等。

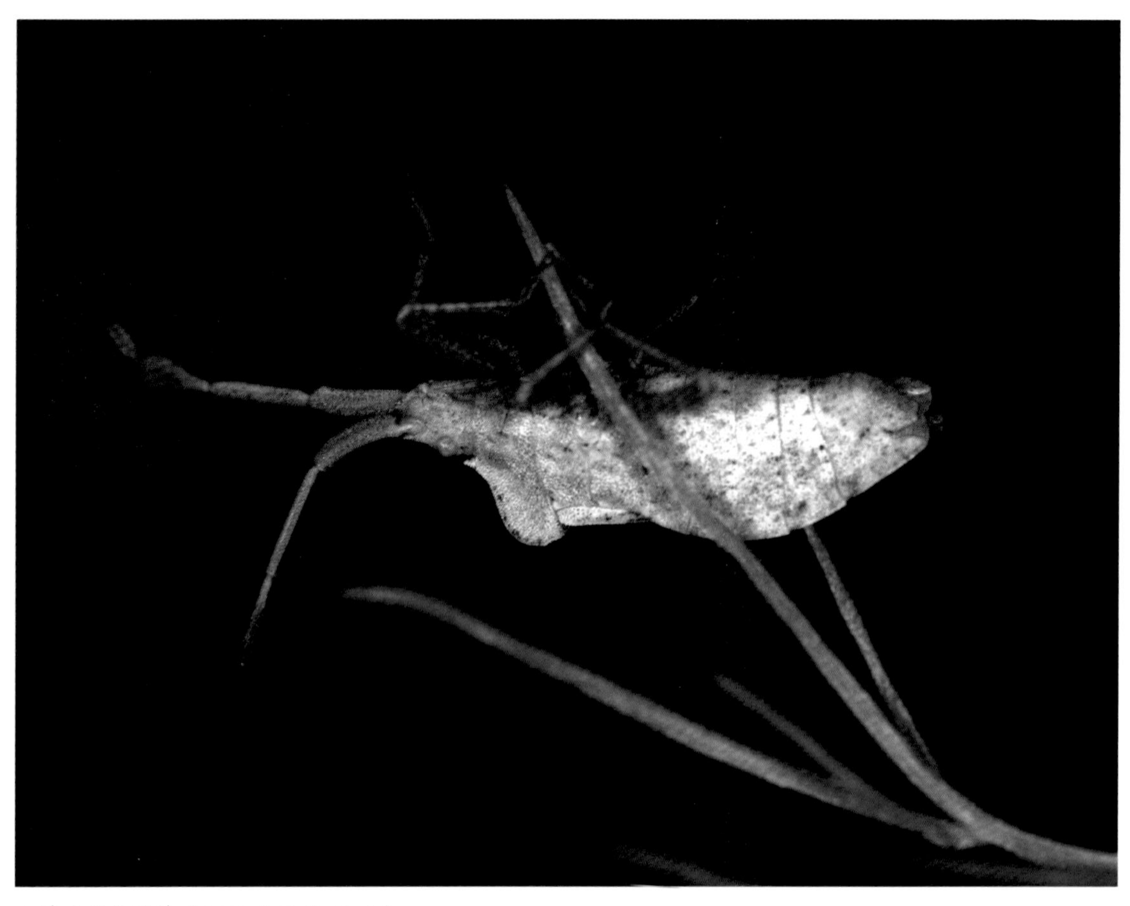

内蒙古锡林浩特（2022 年 7 月 25 日）

内蒙古锡林浩特（2022 年 7 [illegible] 25 日）

内蒙古锡林浩特（2022 年 7 月 25 日）

内蒙古锡林浩特（2022 年 7 月 25 日）

内蒙古锡林浩特（2022 年 7 月 25 日）

内蒙古锡林浩特（2022 年 7 月 25 日）

环胫黑缘蝽 *Hygia lativentris* (Motschulsky)

分类地位：半翅目 Hemiptera，缘蝽科 Coreidae。

分布范围：北京、天津、内蒙古、山西、河南、江西、福建、台湾、广西、云南、西藏；日本，朝鲜，印度。

形态特征：体长 10.0~12.0 mm。体黑棕色。触角端节橘红色，基部黑褐色。后足胫节中部常有浅色环。触角第 1 节粗，短于头宽，第 2 节最长，第 3 节长于第 1 节。前胸背板中部前具 1 条浅横沟，中央具 1 条细的纵沟。腹部第 3、4 节腹板中部各有 2 个黑色斑，各节侧面常具黑色斑，后几节的黑色斑较大。

发生危害：主要为害辣椒、虎杖、酸模、葎草、蒿类等，有时群集，并可释放报警激素。

云南昆明（2021 年 5 月 28 日）

云南昆明（2021 年 5 月 28 日）

云南昆明（2021 年 5 月 28 日）

云南昆明（2021 年 5 月 28 日）

盲蝽科 Miridae

苜蓿盲蝽 *Adelphocoris lineolatus* (Göeze)

分类地位： 半翅目 Hemiptera，盲蝽科 Miridae。

分布范围： 北京、天津、河北、山西、内蒙古、辽宁、吉林、黑龙江、江苏、浙江、安徽、江西、山东、河南、湖北、陕西、甘肃、青海、宁夏、新疆；蒙古，欧洲。

形态特征： 体长 7.5~9.0 mm，宽约 2.6 mm。体黄褐色，被金黄色细毛。头三角形，褐色，头顶光滑。复眼扁圆。喙 4 节，端部黑色，后伸超过中足基节。触角 4 节，棕黄色，等于或略短于体长，第 1 节被黑色细毛。前胸背板梯形，暗黄色，胝区常有 2 条短黑色纹，后部有 2 个圆形黑色斑。小盾片暗褐色。前翅革片黄褐色，爪片褐色，膜片半透明，黑褐色。足黄褐色。腿节布有黑褐色小斑点，胫节具稀疏黑色粗毛，跗节 3 节，第 3 节端部色较深，爪黑色。腹部背面褐色，腹面枯黄色或黄褐色。

发生危害： 一般 1 年发生 1 代，但有些地方有世代重叠现象。以卵在枝梢上越冬。若虫和成虫刺吸幼枝、芽和叶的汁液。在草原地区，主要为害槐、枣、酸枣、刺槐、枸杞、柿、桃、荆条、苜蓿等经济作物及牧草。

内蒙古锡林浩特（2022 年 7 月 12 日）

淡尖苜蓿盲蝽 *Adelphocoris sichuanus* Kerzhner et Schuh

分类地位：半翅目 Hemiptera，盲蝽科 Miridae。

分布范围：北京、内蒙古、甘肃、黑龙江、天津、江苏、浙江、江西、湖北、四川、云南、贵州。

形态特征：体连翅长 6.1~8.0 mm。头顶或多或少具 X 形黑褐色斑；复眼稍大于头顶眼间距。触角第 1 节紫褐色，第 2 节端半部及最基部红褐色至黑褐色，余淡黄色。前胸背板中基部具黑褐色横带（最基部浅色，窄），其中央常具 1 条前伸的短黑色纵条，可将黑色横带与胝区之间的浅色区域分为左右两片；小盾片污褐色，端角处呈黄白色菱形斑。前翅楔片黑褐色，中部红黄色部分仅占 1/3。腿节紫黑色，后足腿节近端具较浅色斑或环；胫节淡锈褐色。

发生危害：寄主为山楂叶悬钩子。

云南昆明（2021 年 8 月 3 日）

牧草盲蝽 *Lygus pratensis* (Linnaeus)

分类地位：半翅目 Hemiptera，盲蝽科 Miridae。

分布范围：北京、河北、山西、内蒙古、辽宁、吉林、黑龙江、安徽、山东、河南、四川、陕西、甘肃、青海、宁夏、新疆；欧洲，北美，南美，为古北、新北、新热带区系所共有。

形态特征：体长约 6.0 mm，宽 3.2 mm 左右。体背面浅绿褐色，腹面浅绿褐色。头部短三角形，褐色，端部色较深，复眼黑褐色，向两侧略突出。前胸背板绿褐色，前端具 1 个领片，侧缘、后缘呈弧形，中央有 2 个小的黑色短条，表面密布细点刻，部分个体还具几个小黑色点。小盾片小，三角形、淡黄绿色。前翅绿褐色，翅面具很多小的棕色斑点，膜片透明，浅黄色，脉纹清楚。足绿褐色，具稀短毛，胫节生小刺，各腿节的端半部常具深褐色环状斑 1 或 2 个，跗节末端及爪黑褐色。

发生危害：主要为害苜蓿、棉花、豆类以及水稻、小麦、白菜、萝卜、马铃薯、油菜、菠菜等，还可为害苹果、梨、桃、杏等果树。

内蒙古锡林浩特（2022 年 6 月 21 日）

内蒙古锡林浩特（2022 年 6 月 21 日）

内蒙古锡林浩特（2022 年 6 月 29 日）

内蒙古锡林浩特（2022 年 6 月 29 日）

内蒙古锡林浩特（2022 年 6 月 22 日）

新疆新源（2017 年 7 月 19 日）

内蒙古锡林浩特（2022 年 7 月 14 日）

内蒙古锡林浩特（2022 年 6 月 22 日）

红楔异盲蝽 *Polymerus cognatus* (Fieber)

分类地位： 半翅目 Hemiptera，盲蝽科 Miridae。

分布范围： 新疆、甘肃、内蒙古以及长江以北地区；蒙古，俄罗斯（西伯利亚），欧洲，北非。

形态特征： 体长 3.5~4.8 mm，宽 1.6~1.8 mm。灰褐色至黑褐色，密布银灰色绒毛。头黑褐色，复眼和触角旁各有 1 对黄褐色斑块，有时扩大前后相连。触角第 1 节和第 2 节基部黑褐色，其余褐色；第 2 节雄虫明显比雌虫粗。复眼黑褐色。后头具横脊。喙褐色，末端黑色，达后足基部。前胸背板黑褐色，后缘具淡褐色细边。领长约与触角第 2 节直径相等。小盾片大部黑褐色，端部具淡褐色菱形斑。前翅具刻点，前缘侧有细黑色边；缘片、革片前半部淡褐色，其余黑褐色，端部具淡色横带；楔片基部、端部淡褐色，中部具紫红色大斑块向外逐渐变成黑褐色；膜片灰褐色。腹部腹面黑褐色至淡褐色。足腿节灰褐色至黑褐色，或具淡色部分；胫节淡褐色，具灰褐色至黑褐色斑块，侧面具深褐色的刺毛；跗节基部褐色，端部黑褐色，第 1 节短于第 2 节。

发生危害： 新疆库尔勒一带，1 年发生 3~4 代，以卵在苜蓿、滨藜、苋菜等植物组织内越冬，次年 5 月孵化，6 月出现成虫。主要为害甜菜、菠菜等藜科植物，苜蓿、草木樨、三叶草等豆科植物，以及苋菜、亚麻、红花、胡萝卜、芫荽等。

内蒙古锡林浩特（2022 年 8 月 7 日）

三刺狭盲蝽 *Stenodema* (*Brachystira*) *trispinosa* Reuter

分类地位：半翅目 Hemiptera，盲蝽科 Miridae。

分布范围：黑龙江、内蒙古、宁夏、新疆；欧洲，北非，土耳其，阿富汗，中亚，俄罗斯（西伯利亚），日本，北美。

形态特征：体长 7.8~8.0 mm，宽 2.0 mm 左右。体狭长，两侧几乎平行。鲜绿色、草绿色或淡黄褐色，或几乎一色。头部平伸，末端较尖，头顶有 1 条下凹的中纵沟，额不伸出头前端；触角第 1 节粗，远伸过头的末端，密生较长毛，长者约为触角节直径之半。前胸背板梯形，较长，密布刻点，中央具 1 条淡色光滑的纵脊，侧缘亦光滑而色淡，中胸背板中线两侧各有 1 条黑色纵带，透过遮盖其上的前胸背板，呈隐约暗色纵带状。前翅密布浅刻点，翅脉两侧色略深。后足腿节雌虫粗短，雄虫细长，均在端方有 3 根粗刺（腿节长的 2/3 处有 1 刺，相隔一段距离后有 2 刺），互相贴近，后腿胫节基部弯曲，足上有半平伏毛和直立毛。

发生危害：主要为害禾本科牧草。

内蒙古锡林浩特（2022 年 7 月 20 日）

网蝽科 Tingidae

强裸菊网蝽 *Tingis robusta* Golub

分类地位：半翅目 Hemiptera，网蝽科 Tingidae。

分布范围：内蒙古；蒙古。

形态特征：体长 3.7~3.9 mm，宽 1.5~1.7 mm。体长椭圆形，黄色或黄褐色，头部、触角、前胸背板及前翅基部被黄色平伏短细毛。头部褐色，头刺 5 枚，黄色，前 2 枚半直立，相互靠近，中间 1 枚直立，后 2 枚紧贴头背面，顶端达复眼内侧中部。触角基顶端钝，向内稍弯曲，触角 4 节，第 1~3 节黄褐色，被浅色平伏短细毛，第 1 节粗，第 4 节显著膨大，黑色，具半直立细毛。复眼黑色，扁卵形。小颊宽叶状，浅黄褐色，具 2 列圆形小室，前端在喙的基部前方接触一部分。喙 4 节，末端褐色，伸达中足基节间。前胸背板两侧角间明显上鼓，3 条纵脊高，平行，具 1 列长方形小室，末端常具白粉被；头兜高，倒钟形，前缘中央超过头基部；侧背板宽，斜上翘，具 3 列小室；三角突顶端钝，具圆形小室。前翅有时具不规则褐色斑，前缘域窄，室横脉与侧缘相接触部分褐色，具 2 列小室，末端有 1 列小室；亚前缘域基部和末端具 2 列小室，中部具 3 列小室，中域宽，最宽处具 7 列小室。胸部腹面褐色，布白色平伏短细毛，中胸腹板纵沟深，2 条侧脊低，平行，具 1 列圆形小室，后胸纵沟浅而宽，2 条侧脊向外稍弓，末端不封闭。足黄褐色，具白色平伏短细毛，跗节 2 节，爪黑色。腹部背面黑色，腹面褐色，具白粉被。

发生危害：为害蓝刺头、沙旋覆花的叶、茎及花序。干旱沙地和荒漠区较多。5 龄若虫 7 月中旬大量发生。

内蒙古锡林浩特（2022 年 8 月 10 日）

内蒙古锡林浩特（2022 年 8 月 10 日）

内蒙古锡林浩特（2022 年 8 月 10 日）

内蒙古锡林浩特（2022 年 8 月 10 日）

内蒙古锡林浩特（2022 年 8 月 10 日）

姬蝽科 Nabidae

暗色姬蝽 *Nabis stenoferus* Hsiao

分类地位： 半翅目 Hemiptera，姬蝽科 Nabidae。

分布范围： 北京、天津、河北、山西、吉林、上海、安徽、江西、山东、湖北、湖南、四川、云南、内蒙古。

形态特征： 体长 7.5~8.0 mm，宽约 1.6 mm。体灰黄色，具褐色及黑色斑纹。头顶中央纵带，复眼两侧前、后部，触角第 1 节前侧，前胸背板前叶中央纵带及两侧云形纹、小盾片基部及中央，前翅 3 个斑点，腹部腹面中央及两侧纵纹，各足腿节斑纹均为黑色。头长 1.0 mm，宽 0.75 mm。触角各节长度分别为 0.9 mm、1.5 mm、1.6 mm、1.1 mm，喙各节长度为Ⅰ：Ⅱ：Ⅳ = 0.85 : 0.8 : 0.4，前胸背板长 1.3 mm，前端宽 0.6 mm，后端宽 1.45 mm。前翅显著超过腹部末端。

发生危害： 4 月初开始外出，迁到杂草、蔬菜、麦田间活动，4 月中旬开始产卵，5~10 月常见，11 月中旬越冬。卵多产于夏至草植株的下半部组织中，呈纵行排列，卵与卵间有一定距离，卵盖外露于植物表面。雌虫也常产卵于麦茎基部及棉花嫩枝梢处。一头雌虫每次产卵 14~30 粒，一生可产近 100 粒。

内蒙古锡林浩特（2022 年 7 月 25 日）

土蝽科 Cydnidae

圆点阿土蝽 *Adomerus rotundus* (Hsiao)

分类地位： 半翅目 Hemiptera，土蝽科 Cydnidae。

分布范围： 北京、内蒙古、甘肃、天津、河北、山西、山东、江苏、湖北、香港；日本，朝鲜，俄罗斯。

形态特征： 体长 3.5~4.5 mm。头突出，侧叶与中叶等长；前胸背板侧缘、腹部侧缘和各足胫节背面具白色条纹；前翅上的白色斑为条形，长约为宽的 2 倍。

发生危害： 寄主为小麦、蔬菜、苜蓿和多种杂草，为害根系。

内蒙古锡林浩特（2022 年 7 月 29 日）

内蒙古锡林浩特（2022 年 7 月 29 日）

内蒙古锡林浩特（2022 年 7 月 29 日）

内蒙古锡林浩特（2022 年 7 月 29 日）

内蒙古锡林浩特（2022 年 8 月 10 日）

内蒙古锡林浩特（2022 年 8 月 9 日）

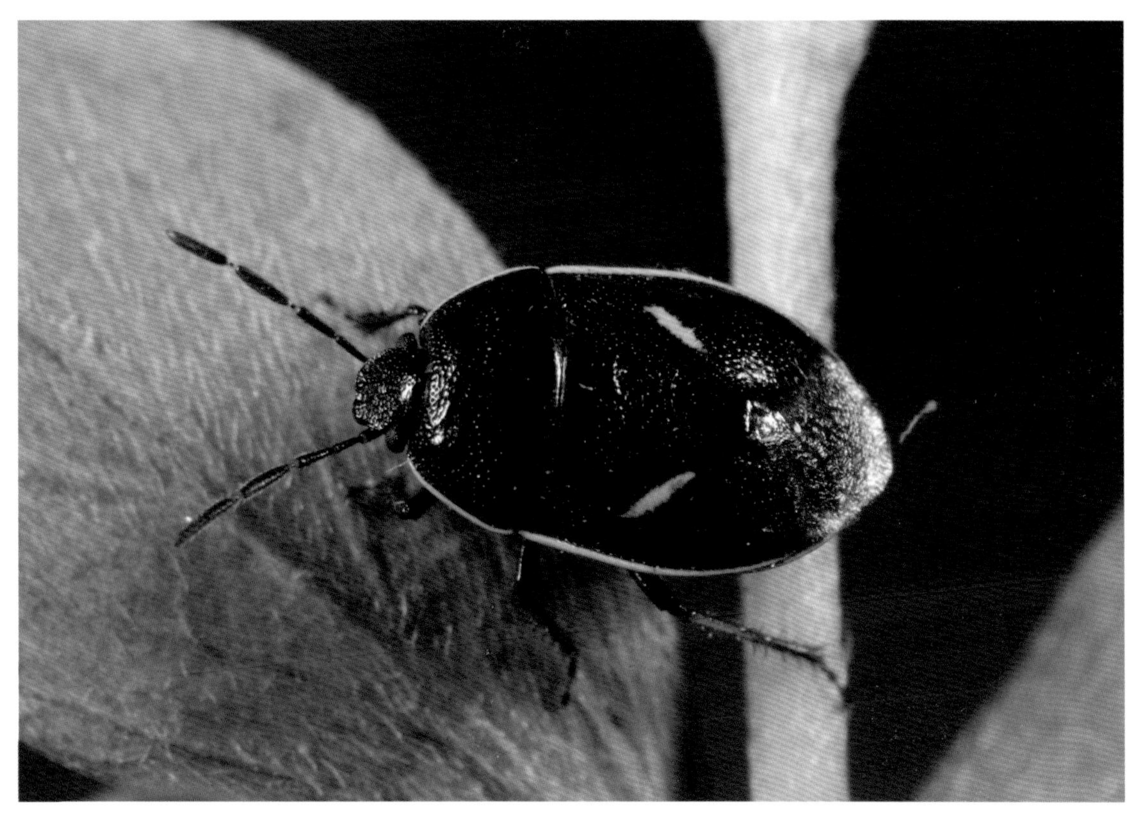

内蒙古锡林浩特（2022 年 8 月 10 日）

内蒙古锡林浩特（2022 年 8 月 9 日）

蝽科 Pentatomidae

实蝽长叶亚种 *Antheminia pusio longiceps* (Reuter)

分类地位：半翅目 Hemiptera，蝽科 Pentatomidae。

分布范围：河北、内蒙古；蒙古，俄罗斯。

形态特征：体长 8.0~9.0 mm，宽 4.5~5.5 mm。体圆形，淡黄褐色或青黄褐色。头部及前胸背板 4 条黑色纵纹短，有时不明显。头略三角形，长约 1.6 mm，宽 1.8 mm，侧叶侧缘稍凹，顶端尖，略上卷，中叶稍鼓，顶端尖，具皱纹；复眼黑色，球状、外突，眼间距为 1.4 mm 左右，复眼内侧光滑；单眼红色，位于复眼内下侧；头下方黄色，无刻点；小颊前端高，中后端平直；喙 4 节，上黑下黄，顶端黑色，伸达后足基节间；触角 5 节，位于头部下方复眼内侧，第 1 节黄褐色，第 2~5 节暗红色，布浅色短细毛。前胸背板宽为长的 2.5 倍左右，前缘凹，后缘直，前侧缘直或稍凹，浅色，上卷；前角具小指状突，侧角钝圆，上鼓；胝区光滑；小盾片三角形，顶端尖，浅色，侧缘中部凹，中线清晰，基部两侧具黑色纵带，基角处光滑；胸部侧板浅黄褐色，前后胸侧板外缘布黑色刻点，各节侧板中央有 1 小黑色斑；臭腺孔明显，臭腺沟短；中胸腹板有低的纵脊。前翅革片刻点黑色，均匀，前侧缘淡色，顶角小于直角，端缘直，超过小盾片末端；膜片浅棕色，具 7 条纵脉，超过腹部末约 0.5 mm。足黄褐色，布浅色细毛，有时腿节外缘具黑色斑，第 2 节短，爪基部黄褐色，末端黑色。腹部背面黑色，腹面黄色，有时具隐约可见的 3 条黑色纵纹，各节前角黑色；侧接缘黄黑相间；气门黑色。

发生危害：为害柠条。

内蒙古锡林浩特（2021 年 5 月 20 日）

苍蝽 *Brachynema germarii* Kolenati

分类地位：半翅目 Hemiptera，蝽科 Pentatomidae。
分布范围：宁夏、青海、新疆、内蒙古；俄罗斯，土耳其，叙利亚，法国。
形态特征：体长 11.0~12.5 mm。头部的侧片长于中片，稍向上卷起；头的前端圆整，头的侧缘亦稍内凹，其后段稍现很窄的白色边；复眼黑色，单眼黄褐色；触角

内蒙古锡林浩特（2022 年 8 月 10 日）

缘暗绿色，末 3 节紫黑色；吻越过中足基节，上绿色而下红黑色，末节黑色；前盾片的前侧缘有很窄的白色边；革质部的外缘亦有很窄的白色边，有时侧接缘亦现淡白绿色；小盾片末端淡白色；翅膜白色，透明，稍长过腹末；侧接缘常被遮盖而少露出，节缝上有小黑色点，由腹下亦可看见，腹部背面紫黑色；体腹面，包括头下及足，均为绿色；胸腹中间稍黄色；跗节稍黑色。

发生危害：主要为害骆驼刺、假木豆和霸王等植物。

内蒙古锡林浩特（2022 年 8 月 10 日）

内蒙古锡林浩特（2022 年 8 月 10 日）

内蒙古锡林浩特（2022 年 8 月 10 日）

朝鲜果蝽 *Carpocoris coreanus* Distant

分类地位：半翅目 Hemiptera，蝽科 Pentatomidae。

分布范围：内蒙古、陕西、甘肃、青海、宁夏、新疆；中亚，西亚。

形态特征：体长 12.5~14.5 mm，宽 7.0~8.0 mm。体长椭圆形，青黄色、淡黄褐色或污黄褐色。头三角形，侧叶稍长于中叶，侧叶外缘黑色，向上稍卷，内缘和中叶一般无黑色刻点。头后端及单眼内侧有 2 条纵纹，向后与前胸背板中央的 2 条纵纹相连。复眼红色，半球状。单眼紫红色，位于复眼内侧。触角 5 节，第 1 节最短，黄褐色，不超过头的前端；第 2 节最长，约为第 1 节的 1.5 倍。前胸背板侧缘无黑色刻点，前侧缘向内略凹，侧角较尖，边缘直，角端黑色斑常靠后，前胸背板前端有 4 条黑色纵纹。前翅革片橙褐色或淡紫色，膜片烟褐色，稍超过腹部末端。小盾片三角形，基部常有不清晰的黑色纵纹，但无横陷。体腹面黄褐色或青黄色，一般无黑色刻点。足黄褐色，有短黄色细毛，跗节 3 节，第 2 节小，爪黑色。腹部侧接缘黄黑色相间，但色较淡。

发生危害：内蒙古 1 年发生 1 代，以成虫在寄主植物的枯枝落叶及田埂的杂草丛下越冬，翌年 4 月底开始活动。7 月中下旬为 3 龄若虫出现盛期，9 月初开始羽化，9 月中旬羽盛，9 月下旬至 10 月上旬成虫陆续越冬。在草原地区，主要为害紫苜蓿和小麦。

内蒙古锡林浩特（2022 年 8 月 9 日）

内蒙古锡林浩特（2022 年 8 月 4 日）

内蒙古锡林浩特（2022 年 8 月 9 日）

内蒙古锡林浩特（2022 年 8 月 9 日）

内蒙古锡林浩特（2022 年 8 月 9 日）

紫翅果蝽 *Carpocoris purpureipennis* (De Geer)

分类地位：半翅目 Hemiptera，蝽科 Pentatomidae。

分布范围：北京、河北、山西、辽宁、吉林、黑龙江、内蒙古、山东、陕西、甘肃、青海、宁夏、新疆；俄罗斯，日本，克什米尔地区，土耳其，伊朗，欧洲。

形态特征：体长 12.0~15.0 mm，宽 7.5~9.0 mm。体宽圆形，污黄色至棕紫色。头卵圆形，两侧黑褐色。复眼棕黑色，单眼褐色。触角第 1 节最短，淡褐色，第 2 节以下均为黑色。喙黑色。前胸背板有 4 条较清晰的黑色纵纹，侧角较长，末端尖，略向后弯，角端的黑色斑多靠前；小盾片中线淡黄色，两侧微黑色，后端淡色。前翅革质部带红色，膜片黑褐色，基内角有大黑色斑。足褐色微紫，腿节和胫节均布小黑点；跗节黑色。腹部侧接缘各节黑色，中间橙黄色。体下黑褐色。

发生危害：主要为害马铃薯、萝卜、胡萝卜、小麦、沙枣。

内蒙古锡林浩特（2022 年 6 月 26 日）

内蒙古锡林浩特（2022 年 6 月 26 日）

内蒙古牙克石（2023 年 7 月 20 日）

内蒙古牙克石（2023 年 7 月 20 日）

内蒙古牙克石（2023 年 7 月 20 日）

内蒙古牙克石（2023 年 7 月 20 日）

内蒙古牙克石（卵）（2023 年 7 月 20 日）

斑须蝽 ***Dolycoris baccarum*** **(Linnaeus)**

分类地位：半翅目 Hemiptera，蝽科 Pentatomidae。

分布范围：中国广泛分布；古北区，北美洲。

形态特征：体长 8.0~13.5 mm。触角 5 节，第 1 节、第 2~4 节的两端和第 5 节基部黄白色，触角整体观黑白相间，形成“斑须”。

发生危害：华北 1 年 2 或 3 代，以成虫越冬。寄主范围很广，可取食苹果、梨、桃、山楂、枸杞、月季等多种木本植物和小麦、大豆、玉米、高粱、油菜、菊花等草本植物，喜欢刺吸植物的果实。

内蒙古锡林浩特（2022 年 6 月 21 日）

内蒙古锡林浩特（2022 年 8 月 9 日）

内蒙古锡林浩特（2022 年 8 月 9 日）

内蒙古锡林浩特（2022 年 8 月 9 日）

内蒙古锡林浩特（2022 年 8 月 24 日）

内蒙古锡林浩特（2022 年 8 月 9 日）

内蒙古锡林浩特（2022 年 8 月 24 日）

内蒙古锡林浩特（2022 年 8 月 24 日）

内蒙古锡林浩特（2022 年 8 月 24 日）

滴蝽 *Dybowskyia reticulata* (Dallas)

分类地位： 半翅目 Hemiptera，蝽科 Pentatomidae。

分布范围： 内蒙古、四川、江西、浙江、江苏、上海；日本。

形态特征： 体长 4.5~6.0 mm，宽 3.0~3.8 mm。触角、吻、足均为黑褐色或黄褐色；头顶、眼前盾片的前区色较深而近黑；侧片长于中片而相交于其前，侧缘在复眼前稍内凹；触角末节更黑，吻稍伸出于中足的基节，末节黑色。前胸盾片侧角显著，前侧稍内凹，前段稍呈高低不平，后段更平整；小盾片长圆而宽大，最显著的特征是其小盾片中间有 1 条纵行的脊，脊的后端更为隆起，自隆起点以后，便向下倾斜而为无脊部分，无脊部分要占小盾片长度的 1/3 以上，脊的高低有些变异；基角上有 2 个很小的白色点，有时亦无；基部有横的隆起，有的种类不显著；小盾片上有由黑色刻点所形成的不规则的网纹；侧接缘常被遮盖。腹面每侧区有 1 条黄色带状纹，自第 3 腹节至第 6 腹节。

发生危害： 主要为害豆类和胡萝卜。

内蒙古锡林浩特（2023 年 5 月 9 日）

横纹菜蝽 *Eurydema gebleri* Kolenati

分类地位：半翅目 Hemiptera，蝽科 Pentatomidae。

分布范围：北京、陕西、甘肃、内蒙古、黑龙江、吉林、辽宁、河北、天津、山西、河南、湖北、湖南、四川、云南、西藏；朝鲜，俄罗斯，蒙古，哈萨克斯坦，欧洲。

形态特征：成虫体长 6.0~9.0 mm，椭圆形，体表黄色、红色相间，具黑色斑，密布点刻；头蓝黑色边缘红黄色；复眼前方有红黄色斑 1 块；前胸背板红黄色，有大黑色斑 4 个，前 2 个呈三角形，后 2 个横长，中央有 1 个隆起的黄色“十”字纹；小盾片蓝黑色，上有黄色 Y 形纹，末端两侧各有 1 个黑色斑；前翅末端有 1 个红黄色横长斑；胸、腹部腹面有 4 条黑色斑纵列。

发生危害：1 年发生 1 代，以成虫在石块下、土洞中越冬。翌年 4 月在叶背产卵成双行，卵期约 10 天，1~3 龄若虫有假死性。在草原地区，主要为害甘蓝、花椰菜、白菜、萝卜、油菜、芥菜等十字花科蔬菜。

内蒙古锡林浩特（2022 年 6 月 21 日）

内蒙古锡林浩特（2022 年 6 月 22 日）

内蒙古锡林浩特（2022 年 6 月 22 日）

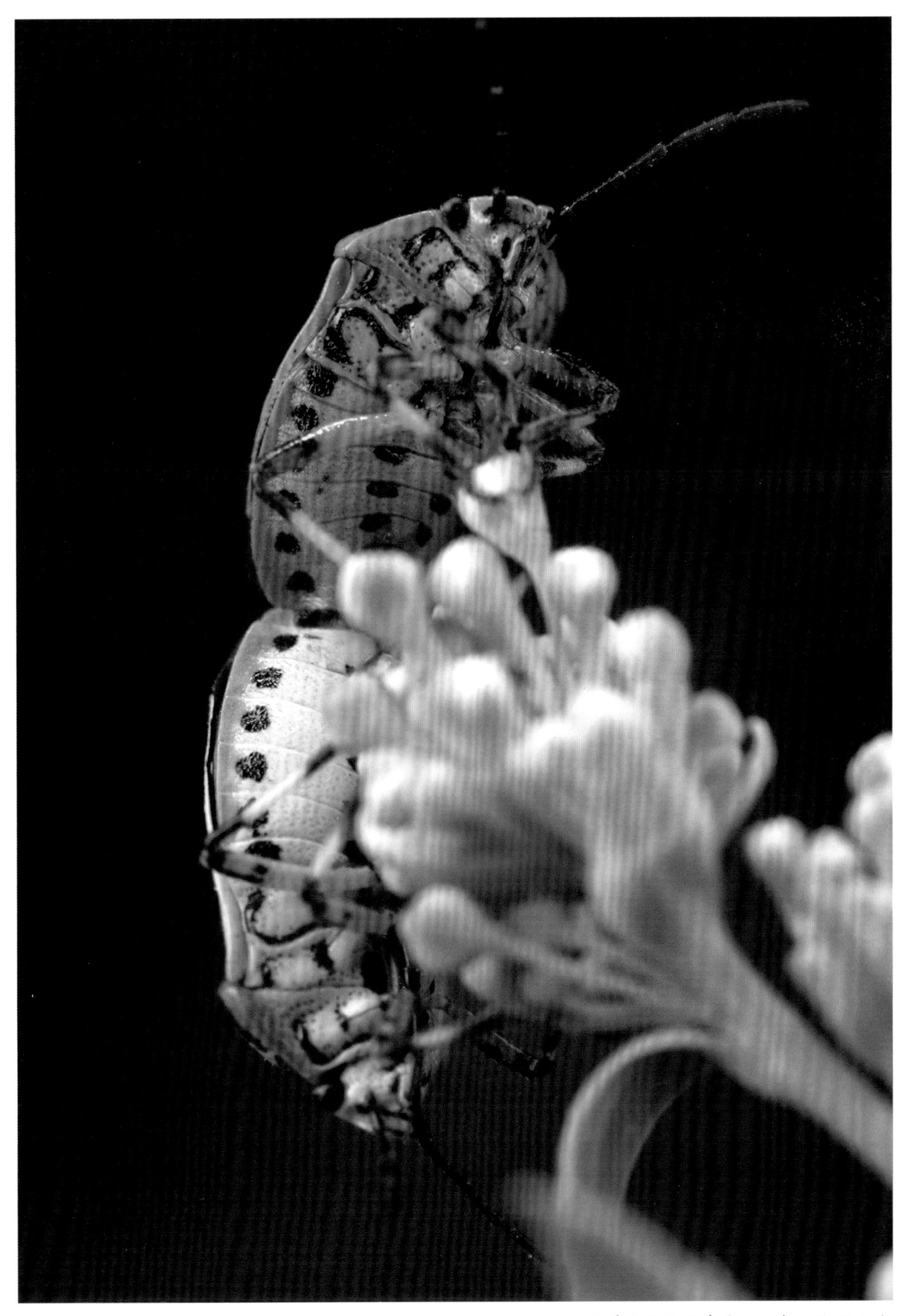

内蒙古锡林浩特（2022 年 6 月 22 日）

赤条蝽 *Graphosoma rubrolineatum* (Westwood)

分类地位：半翅目 Hemiptera，蝽科 Pentatomidae。

分布范围：中国广泛分布；日本，朝鲜，俄罗斯。

形态特征：体长 9.0~11.0 mm。体背具黑色条纹，头部 2 条，前胸背板 6 条和小盾片 4 条；腹部侧缘黑色具浅色斑；体腹面具众多黑色点斑。

发生危害：1 年 1 代，以成虫越冬，8 月可见若虫。寄主为伞形科植物，如胡萝卜、茴香、柴胡、防风、白芷、细叶毒芹等，有时林下发生量较大，聚集在伞形科植物的花朵上，也可在其他植物（如枣）上发现。

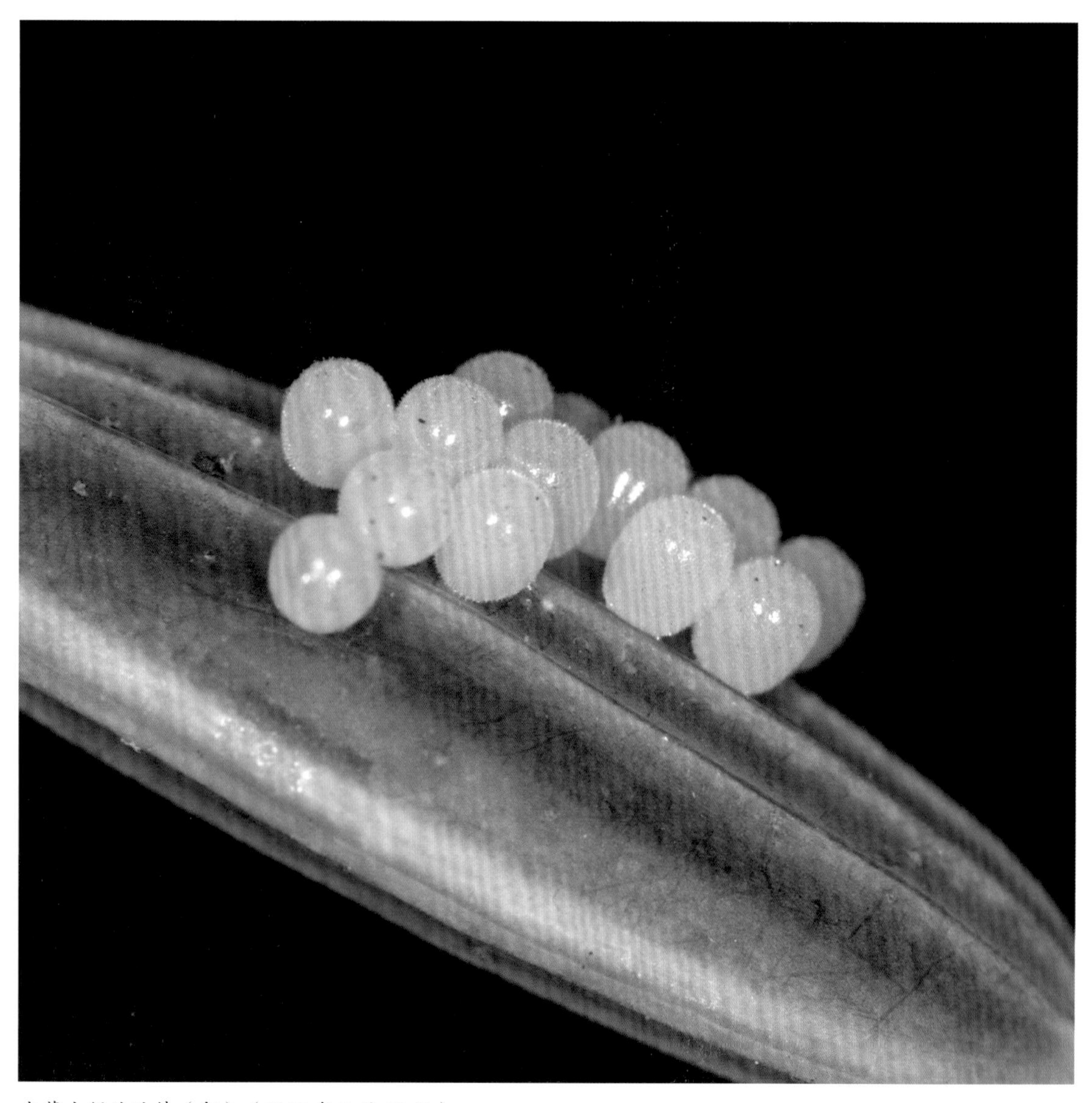

内蒙古锡林浩特（卵）（2022 年 7 月 27 日）

内蒙古锡林浩特（2022 年 7 月 27 日）

内蒙古锡林浩特（2022 年 7 月 27 日）

内蒙古锡林浩特（2022 年 7 月 27 日）

内蒙古锡林浩特（2022 年 7 月 27 日）

内蒙古锡林浩特（若虫）（2022 年 8 月 10 日）

内蒙古锡林浩特（若虫）（2022 年 8 月 10 日）

内蒙古锡林浩特（若虫）（2022 年 8 月 10 日）

全缘草蝽 *Peribalus* (*Asioperibalus*) *inclusus* (Dohrn)

分类地位：半翅目 Hemiptera，蝽科 Pentatomidae。

分布范围：内蒙古；俄罗斯，哈萨克斯坦，蒙古。

形态特征：体长 6.8~9.0 mm，宽 1.56~1.75 mm。体背面从沙褐色到灰绿色，带有或多或少密集的细小黑色点刻。腹面黄色，带有稀疏的黑色点刻。头部向前变窄，前端呈圆形，头高 3.63~4.50 mm；颊片平坦，边缘隆起，稍呈眼前凹陷，长度超过唇基，顶端汇聚。复眼中等大小，眼直径 1.36~1.44 mm。触角红褐色，顶端节段变暗，触角长度 1.90~2.18 mm。前胸背板横宽，侧缘直或微凹，边缘颜色淡黄且向外上方弯曲；侧角圆形，略超出翅基，小盾片长度与宽度相等，长 0.91~1.02 mm。

生物学特性：未见报道。

内蒙古锡林浩特（2022 年 8 月 10 日）

内蒙古锡林浩特（2022 年 8 月 10 日）

内蒙古锡林浩特（2022 年 8 月 10 日）

内蒙古锡林浩特（2022 年 8 月 10 日）

内蒙古锡林浩特（若虫）（2022 年 8 月 24 日）

内蒙古锡林浩特（若虫）（2022 年 8 月 24 日）

内蒙古锡林浩特（若虫）（2022 年 8 月 24 日）

内蒙古锡林浩特（若虫）（2022 年 8 月 24 日）

伊犁璧蝽 *Piezodorus lituratus* (Fabricius)

分类地位： 半翅目 Hemiptera，蝽科 Pentatomidae。

分布范围： 新疆、内蒙古；欧洲，俄罗斯（西伯利亚），非洲，叙利亚，伊朗，土耳其。

形态特征： 体长 12.0~13.0 mm。前胸盾片及革质部均为淡红色，亦有变色为淡青而带微红色的；头部前阔而圆，侧缘整齐，侧片与中片等长；复眼棕红色，单眼淡红色；触角红黄色，末 2 节色更浓；前胸盾片侧角圆，前侧缘平直而稍有卷边，前角稍有小突起；小盾片末端狭而圆，革质部侧缘色较青；翅膜透明无色；腹部背色黑；头及胸部腹面的无色刻点较腹面的更粗，都不及体背上有色刻点稠密；中胸腹面中间有隆脊；腹面基部有强刺，前伸可达中足基部。

发生危害： 主要为害山楂属、忍冬属、草木樨属，以及金雀花、三叶草等植物。

内蒙古锡林浩特（2022 年 7 月 28 日）

内蒙古锡林浩特（2022 年 7 月 28 日）

内蒙古锡林浩特（2021 年 7 月 5 日）

内蒙古锡林浩特（2022 年 7 月 28 日）

内蒙古锡林浩特（2022 年 8 月 9 日）

内蒙古锡林浩特（2022 年 8 月 9 日）

内蒙古锡林浩特（2022 年 8 月 9 日）

内蒙古锡林浩特（2022 年 8 月 9 日）

姬缘蝽科 Rhopalidae

细纹离缘蝽 *Chorosoma gracile* Josifov

分类地位：半翅目 Hemiptera，姬缘蝽科 Rhopalidae。
分布范围：内蒙古；土耳其，保加利亚，蒙古。
形态特征：体长 10.5~12.6 mm，宽 1.3~1.6 mm。体细长，草黄色或黄绿色。头长大于宽，伸出于触角基前端部分呈三角形，头前伸达触角第 1 节的 1/4 处，头背面光滑，

头顶中央具细长纵沟；触角第 1 节长于头宽，稍大于头长，第 2 节由基部向顶端渐细，第 3 节圆柱状，第 1 节长纺锤状，短于第 3 节。前胸背板狭长，长大于宽，两侧平直；小盾片三角形，顶端尖，上翘；前翅翅脉显著，革片透明，内角室近呈四边形；臭腺孔位于中、后足基节窝之间。足细长，腿节稍长于胫节，后足胫节内缘无毛，其上半段具黑色刚毛。腹部背面黄绿色，背板基部黑色。阳基侧突狭长，顶端黑色。

发生危害：寄主为禾本科植物。

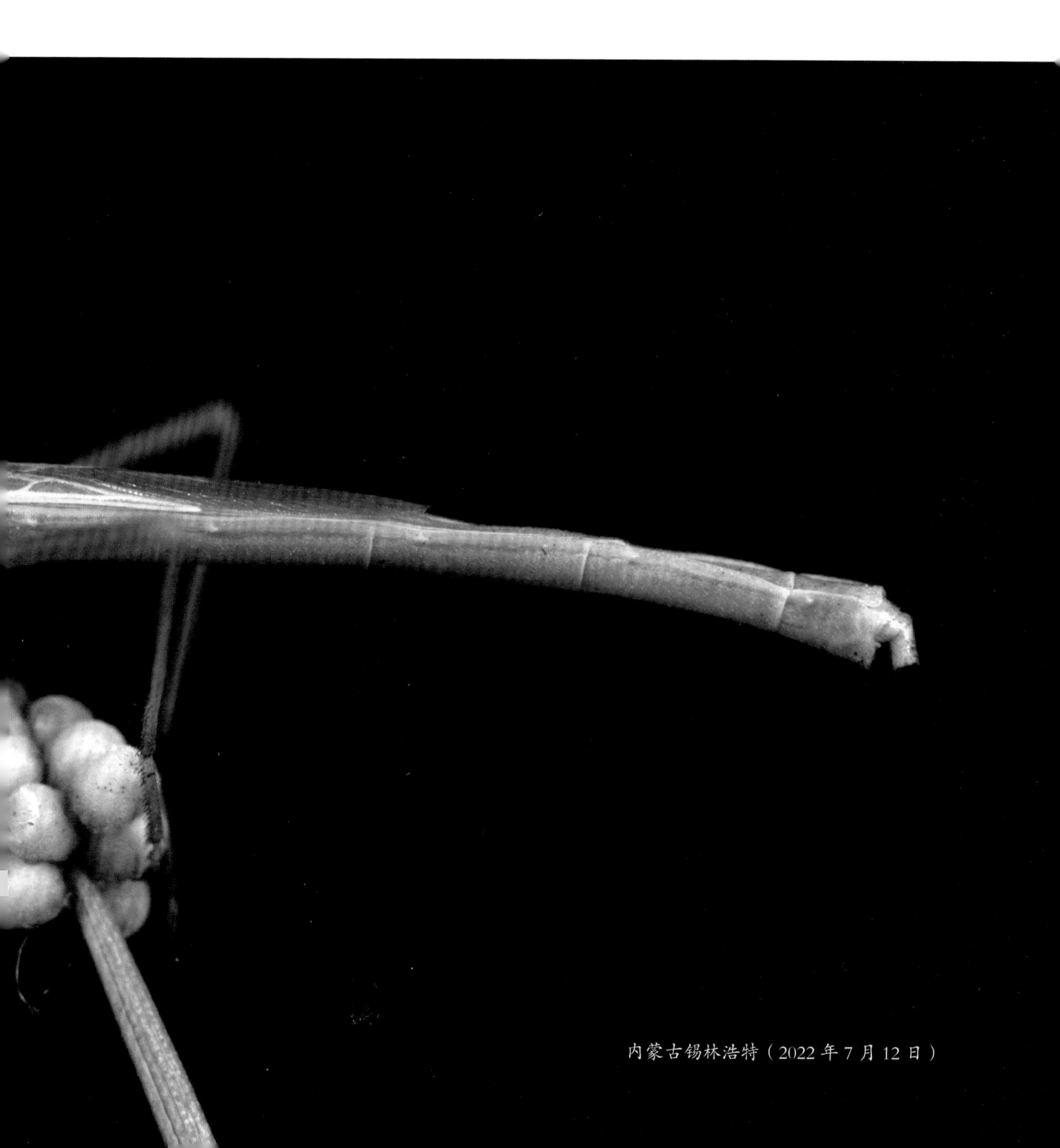

内蒙古锡林浩特（2022 年 7 月 12 日）

内蒙古锡林浩特（2022 年 7 月 12 日）

瘦离缘蝽 *Chorosoma macilentum* Stål

分类地位：半翅目 Hemiptera，姬缘蝽科 Rhopalidae。

分布范围：北京、陕西、甘肃、新疆、内蒙古、河北、山西。

形态特征：雌虫体长 18.0 mm。体狭长，草黄色。后足胫节端的腹面及跗节腹面黑褐色。腹部背面基部具 2 条黑色纵纹，向腹端延伸，颜色渐浅。触角第 1 节粗大，约为头宽（复眼处）的 1.8 倍。前胸背板与头长相近，向后稍扩大。后足胫节腹面具长毛，约为胫节直径的 2 倍，但在端部黑褐色区域，毛短而粗。

发生危害：寄主为禾本科植物，如披碱草、白茅、小麦等。

内蒙古科右中旗（2022 年 7 月 20 日）

内蒙古锡林浩特（2022 年 7 月 20 日）

欧姬缘蝽 *Corizus hyosciami* (Linnaeus)

分类地位： 半翅目 Hemiptera，姬缘蝽科 Rhopalidae。

分布范围： 内蒙古、甘肃、河北、四川；欧洲，北非。

形态特征： 体长 9.5~11.0 mm，宽 3.2~4.0 mm。体长椭圆形，布满红色或橙红色斑纹，并密被浅色长毛。头三角形，在眼后突然狭窄，侧缘黑色，中央红色部分常呈菱形，中叶显著长于侧叶，触角基顶端外侧突出呈刺状；触角黑或黑褐色，第 1 节短粗，内侧色较浅，第 2、3 节圆柱状，第 4 节长纺锤状，显著长于其他各节。单眼间距等于或小于单眼至复眼间距的 3 倍。前胸背板刻点密，前端两块横长黑色斑常相接，后端 2 个黑色斑有时分为 4 个纵长小黑斑。小盾片基部黑色。前翅爪片黑，革片中央有 1 大黑色斑，内侧常具 1 列不规则黑色斑。腹部背面红色，第 1、2、7 节背板黑色。雌虫第 7 腹节背板后缘宽而平直。胸部背板黑色，各节侧板前角处具 1 个黑色斑，中、后胸侧板中央、腹部腹板各节中央及两侧各具 1 个黑色斑点，第 7 腹板的 3 个黑色斑通常连接。

发生危害： 主要为害蒲公英和鸦葱。

内蒙古科右中旗（2022 年 8 月 24 日）

内蒙古锡林浩特（2022 年 8 月 24 日）

内蒙古锡林浩特（2022 年 8 月 24 日）

内蒙古锡林浩特（2022 年 8 月 24 日）

内蒙古锡林浩特（2022 年 8 月 24 日）

内蒙古锡林浩特（2022 年 8 月 24 日）

亚姬缘蝽 *Corizus tetraspilus* Horváth

分类地位：半翅目 Hemiptera，姬缘蝽科 Rhopalidae。

分布范围：北京、甘肃、内蒙古、黑龙江、河北、山西、贵州、西藏；朝鲜，俄罗斯，蒙古。

形态特征：体长 8.0~10.0 mm。体红色具黑色斑纹；头边缘、前胸背板前缘黑色，后缘具 4 个黑色斑（通常独立），小盾片基部、前翅爪缝和革片中部具黑色斑。头三角形，触角第 1 节短于头顶宽。触角 4 节，第 1 节短粗，第 2、3 节长度相近，第 4 节最长。腹部背面基部及末端 2 节黑色，腹面各节基部具 3 个独立的黑色斑。

发生危害：成虫和若虫取食麦类、黑豆、大麻、铁杆蒿、蒲公英、鸦葱、茴香及杂草等，也可成为苜蓿上的害虫。

内蒙古锡林浩特（2022 年 7 月 16 日）

内蒙古锡林浩特（2022 年 7 月 16 日）

内蒙古锡林浩特（2022 年 8 月 10 日）

内蒙古锡林浩特（2022 年 8 月 10 日）

内蒙古锡林浩特（2022 年 8 月 10 日）

内蒙古锡林浩特（2022 年 8 月 10 日）

粟缘蝽 *Liorhyssus hyalinus* (Fabricius)

分类地位：半翅目 Hemiptera，姬缘蝽科 Rhopalidae。

分布范围：中国广泛分布；世界广泛分布。

形态特征：体长 6.0~8.2 mm。体色多变，黄褐色或灰褐色，甚至呈血红色，斑纹亦多变；头部三角形，复眼大而突出；触角 4 节，第 1 节粗短，第 2、3 节较细，第 4 节粗，且长于第 3 节；前胸背板颈片窄，界限清楚，无刻点，其后方具完整平滑的横脊。前翅长，通常膜质远超腹末革片端缘，近中部具 1 个四方形翅室。

发生危害：1 年 2~3 代，以成虫在树皮下、草堆等处越冬。取食谷子、高粱等禾本科植物，也取食苘麻、蜀葵、烟草等多种植物，有时在枸杞、紫苏上发生量大，各种虫态均可见。出蛰后先在蔬菜等植物上活动。

内蒙古锡林浩特（2022 年 7 月 20 日）

内蒙古锡林浩特（2022 年 7 月 20 日）

内蒙古锡林浩特（2022 年 8 月 24 日）

内蒙古锡林浩特（2022 年 8 月 24 日）

内蒙古锡林浩特（2022 年 8 月 24 日）

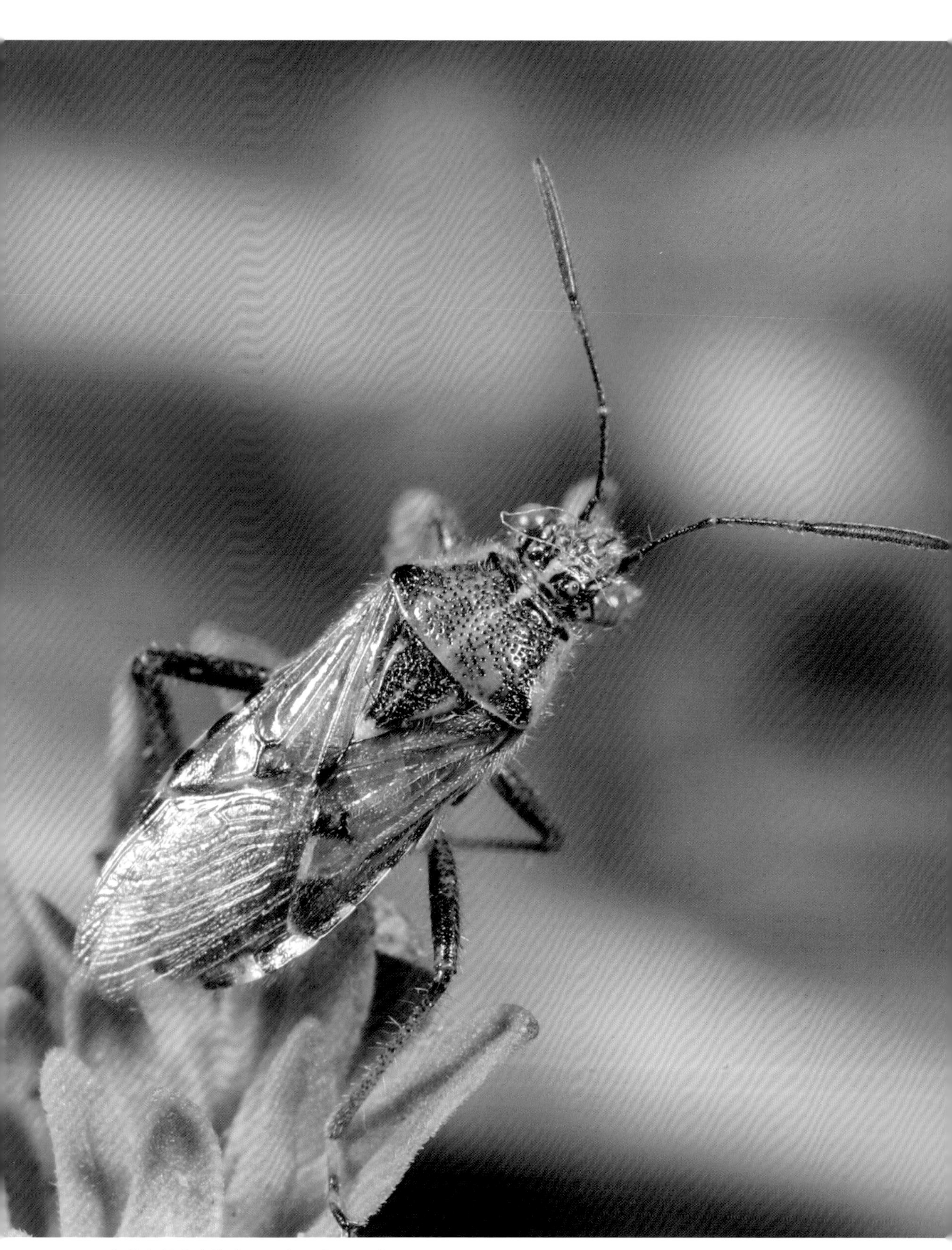

内蒙古锡林浩特（2022 年 8 月 24 日）

内蒙古锡林浩特（若虫）（2022 年 8 月 24 日）

内蒙古锡林浩特（若虫）（2022 年 8 月 24 日）

内蒙古锡林浩特（若虫）（2022 年 8 月 24 日）

内蒙古锡林浩特（若虫）（2022 年 8 月 24 日）

黄边迷缘蝽 *Myrmus lateralis* Hsiao

分类地位：半翅目 Hemiptera，姬缘蝽科 Rhopalidae。

分布范围：北京、内蒙古、河北、山东；朝鲜，俄罗斯。

形态特征：体长 8.0~10.0 mm。体草黄色，体背中央黑褐色（雌虫背面颜色明显较浅），两侧具草黄色边。腹面浅黄色，边缘具黑色纵条。中胸及后胸腹板中央具宽纵沟，用于放置喙。触角第 1 节较粗，第 2、3 节长度相近，第 4 节短，但明显长于第 1 节。前翅短，不过腹末。后足胫节顶端腹侧具黑褐色刚毛，第 3 跗节黑褐色。

发生危害：寄主为苋菜。

内蒙古锡林浩特（2022 年 7 月 25 日）

内蒙古锡林浩特（2022 年 7 月 25 日）

内蒙古锡林浩特（成虫和卵）（2022 年 7 月 12 日）

内蒙古锡林浩特（成虫和卵）（2022 年 7 月 12 日）

内蒙古锡林浩特（成虫和卵）（2022 年 7 月 12 日）

内蒙古锡林浩特（卵）（2022 年 7 月 12 日）

开环缘蝽 *Stictopleurus minutus* Blöte

分类地位： 半翅目 Hemiptera，姬缘蝽科 Rhopalidae。

分布范围： 北京、甘肃、新疆、内蒙古、黑龙江、吉林、辽宁、河北、河南、山东、江苏、浙江、安徽、江西、湖北、四川、贵州、广东、云南、台湾；日本，朝鲜。

形态特征： 体长 6.0~8.2 mm。体毛短而稀，前胸背板和小盾片上的直立毛不长于触角第 2 节直径的 2 倍；前胸背板前缘沟的两端通常弯曲呈环形，但前端不封闭，故名“开环”，沟的前缘无光滑的横脊。前翅除基部、前缘、翅脉及革片顶角外完全透明。

发生危害： 北京 6~10 月可见成虫于多种植物上，如向日葵、菊花、黄花草木樨、白桦、艾蒿等，也见于旋覆花、狼尾草、蓝刺头、一枝黄花、丝瓜等花上。黑龙江 1 年发生 1 代，以成虫越冬，7~8 月可采到成虫，成虫常喜在地面爬行。

内蒙古科右中旗（2021 年 7 月 5 日）

内蒙古锡林浩特（2021 年 6 月 10 日）

内蒙古锡林浩特（2022 年 8 月 10 日）

内蒙古锡林浩特（2022 年 8 月 10 日）

内蒙古锡林浩特（2022 年 8 月 10 日）

内蒙古锡林浩特（2022 年 8 月 10 日）

长蝽科 Lygaeidae

角红长蝽 *Lygaeus hanseni* Jakovlev

分类地位： 半翅目 Hemiptera，长蝽科 Lygaeidae。

分布范围： 北京、宁夏、甘肃、内蒙古、黑龙江、吉林、辽宁、河北、天津；朝鲜，俄罗斯，蒙古，哈萨克斯坦。

形态特征： 体长 8.0~9.0 mm。前胸背板黑色，仅中线及两侧的端半部红色；前翅膜片黑褐色，基部具不规则的白色横纹，中央有 1 个圆形白色斑，边缘灰白色。

发生危害： 北京 5~10 月可见成虫，有时可见于灯下。为害板栗、酸枣、月季、枸杞、柳、榆、洋白蜡、落叶松、油松、白杆等木本植物，以及小麦、玉米、菊花、大麻、蚊子草、龙芽草等草本植物。

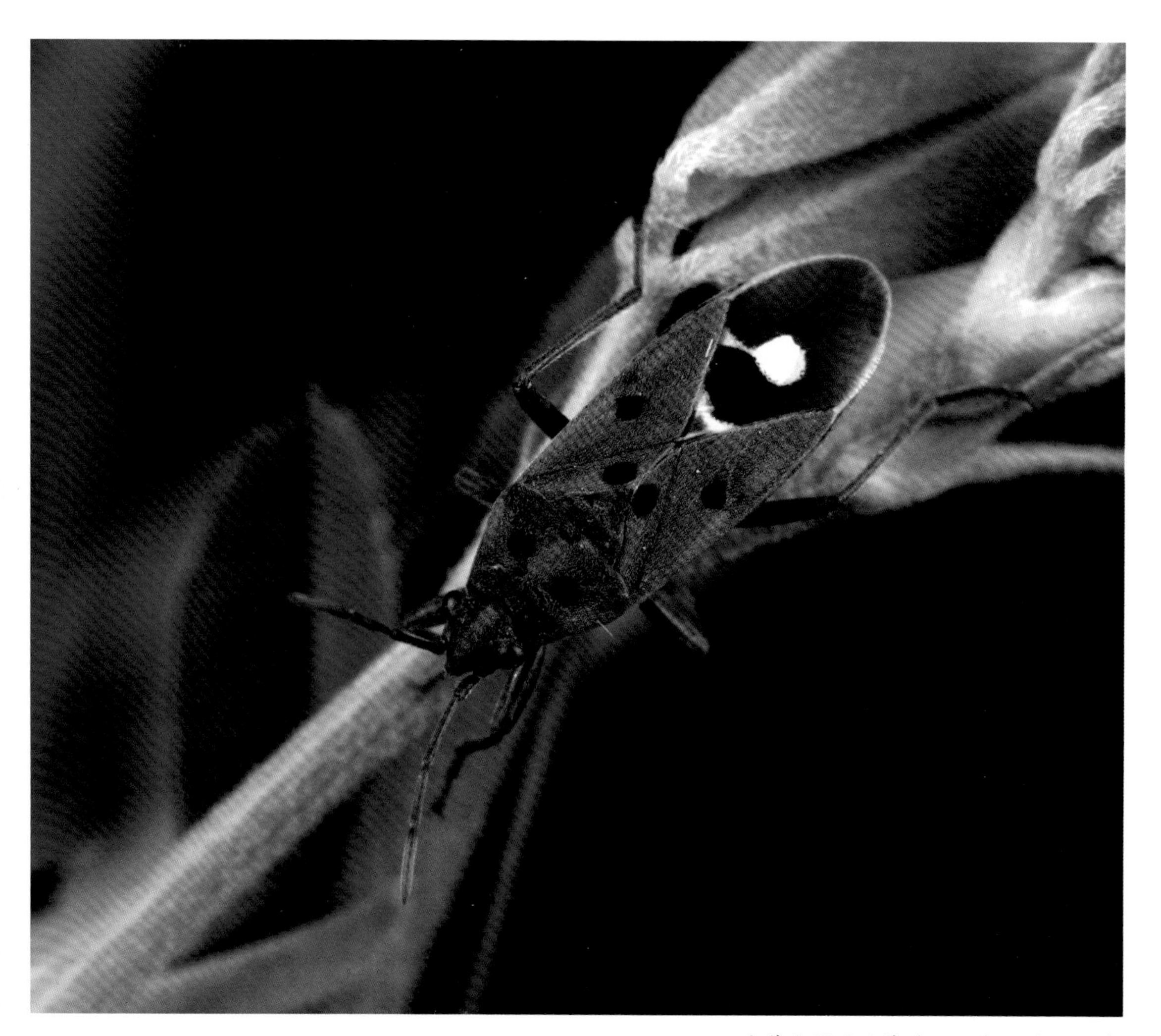

内蒙古锡林浩特（2022 年 7 月 17 日）

内蒙古锡林浩特（2022 年 7 月 17 日）

地长蝽科 Rhyparochromidae

白斑地长蝽 *Rhyparochromus albomaculatus* (Scott)

分类地位： 半翅目 Hemiptera，地长蝽科 Rhyparochromidae。

分布范围： 北京、陕西、吉林、天津、内蒙古、河北、山西、河南、江苏、湖北、湖南、广西、四川；日本，朝鲜，中亚。

形态特征： 体长 7.0~7.5 mm。头黑色，无光泽，披金黄色平伏短毛。前胸背板前叶黑色，后叶具黑色刻点，两侧淡黄色，其上无刻点；小盾片黑色，前端具 V 形淡黄色纹。前翅革片后端具 1 个近三角形白色斑。

发生危害： 北京 3~10 月可见成虫，多见于地面，也可在多种植物上发现，甚至访花。为害板栗、杨、榆等植物。

内蒙古科右中旗（2021 年 7 月 15 日）

猎蝽科 Reduviidae

显脉土猎蝽 *Coranus hammarstroemi* Reuter

分类地位：半翅目 Hemiptera，猎蝽科 Reduviidae。

分布范围：内蒙古、山西、四川、新疆；蒙古，俄罗斯。

形态特征：体长 11.0~12.0 mm，腹宽 3.2~3.8 mm。体长圆形，褐色。头黑色，中部具横缢；前叶与后叶约等长，背面粗糙；复眼黑色，球状，外突；触角 4 节，褐色，位头前端两侧，第 2、3、4 节被白色短细毛；喙 3 节，弯曲，第 1 节粗。前胸背板被浅黄色平伏短毛及黑色直立毛，粗刻点；小盾片三角形，黑色，侧缘外弓，中央纵脊黄色，达小盾片顶端，顶角显著上翘。中足基节间具 Y 形脊。后胸腹板褐色，鼓，具白色直立长毛。长翅型前翅达腹部末端，短翅型翅长 3.0 mm，爪片深褐。足黄褐色，被浅色直立长毛和短毛。腹部背面黑色，被白色平伏短毛，第 2、3、4 腹节中部具橘黄色斑，第 3、4 节后缘中部上鼓，各节两侧中部具三角形黄色斑。

生物学特性：未见报道。

内蒙古锡林浩特（2021 年 8 月 21 日）

内蒙古锡林浩特（2022 年 8 月 6 日）

内蒙古锡林浩特（2022 年 8 月 6 日）

双翅目
Diptera

蜂虻科 Bombyliidae

中华雏蜂虻 *Anastoechus chinensis* Paramonov

分类地位：双翅目 Diptera，蜂虻科 Bombyliidae。

分布范围：河北、北京、天津、山东、内蒙古、新疆、青海、江西；蒙古。

形态特征：体型中型、体粗壮、多绒毛，外形似蜂。雌虫体长 12.0~14.0 mm，雄虫与雌虫相当。头半球形，复眼大，雄虫为合眼式，雌虫为离眼式。触角 3 节，短而粗，呈黑色，长约 3.0 mm；吻直长，伸出在前面，内生口针 3 根。胸部隆起，翅很发达，R_{2+3} 与 R_4 弯曲到达顶角前，只有 3 个闭室，M_3 与 Cu_1 大部分合并，无 M_3 翅室，臀室不封闭，腋瓣明显。足细而长，前、中足基本等长，约 10.0 mm，后足长约 14.0 mm，足前端只有 2 个爪垫，无中垫。腹部 8 节。

生物学特性：幼虫具有很强烈的趋向蝗卵的本能。在卵块海绵体内及其附近的卵孵化后，幼虫先从蝗卵粒中间或 1/3 处咬 1 个小孔，逐粒吸食卵汁液，仅残留卵壳。幼虫专性寄生，1 块飞蝗卵内多为 1 头，有部分卵块内达 2~3 头，一般 1 块蝗卵可满足 1 头幼虫一生寄食之用，较大的蝗卵块被幼虫寄食后剩余的卵粒大多数也不能孵化，有的能孵化也不能出土。成虫喜在天气晴朗、阳光充足、风力较小、温度在 16℃以上时开始活动、取食；夜间、阴雨大风天活动和取食停止。羽化后 1~2 天开始取食，每天 8~9 时开始活动、取食，以 10~15 时活动、取食最盛，18 时后活动、取食停止。成虫的食料是野生蜜源植物，主要是二色补血草，其次是阿尔泰紫菀及其他蜜源植物。成虫在取食时将口针插入花内吸取花蜜，在一朵花上可取食几秒钟或几分钟，连续取食数朵。

内蒙古锡林浩特（2022 年 7 月 26 日）

内蒙古雏蜂虻 *Anastoechus neimongolanus* Du et Yang

分类地位：双翅目 Diptera，蜂虻科 Bombyliidae。

分布范围：内蒙古。

形态特征：雄虫体长 6.5 mm。翅长 7.5 mm。喙长 5.0 mm。体黑色，被灰白色毛。单眼突几乎占据整个头顶宽；额上下半部带有较短的白色毛；额上的长黑色毛构成的黑色毛带沿复眼内缘向下扩展，沿外缘向下达外缘长的 2/3，外缘的黑毛与后头的毛和鬃一起构成扇状的鬃毛扇；复眼内外缘及下缘有白色的鳞片；触角第 1 节黑色，第 2 节基部 1/3 黑色，端部 2/3 棕色，基部及端部较细，中间膨大呈纺锤状，且略变扁。中胸背板及小盾片上生有灰白色的长绒毛，中胸背板两侧的前后有 1 白色鬃构成的鬃毛丛；小盾片的后缘有白色鬃。翅灰色、透明；前缘及基部略带棕色，向后及向端部渐淡，翅脉棕色。腿节黑色，胫节黄色，跗节棕黄色，爪棕色，端部 1/3 黑色，爪垫棕色，发达；足被有白色鳞片。腹部的毛全为白色，浓密且长；各节腹部背板后缘都有 1 排白色或黑色的鬃，其从第 2 腹背板后缘两侧开始出现，越往后越多；腹背末白色长绒毛与黑色鬃构成 1 个浓密的毛丛。

生物学特性：未见报道。

内蒙古锡林浩特（2022 年 8 月 7 日）

内蒙古锡林浩特（2022 年 8 月 7 日）

内蒙古锡林浩特（2022 年 8 月 7 日）

黄领蜂虻 *Bombylius vitellinus* Yang, Yao et Cui

分类地位：双翅目 Diptera，蜂虻科 Bombyliidae。

分布范围：黑龙江、河北、北京、河南、山东、内蒙古、云南。

形态特征：雄虫体长 11.0 mm，翅长 11.0 mm；雌虫体长 9.0 mm，翅长 9.0 mm。头部黑色，头部的毛为黑色和白色；额被白色粉和浓密直立的黑色毛，触角和复眼边缘被白色鳞片，颜被浓密直立的白色毛，仅触角边缘被黑色毛，后头被浓密的黑色毛；触角黑色，柄节长，被灰色粉和浓密的黑色长毛，梗节圆，被稀疏的黑色毛；鞭节长端部尖，光裸无毛；喙黑色，长约为头的 4 倍。胸部黑色，胸部的毛以黄色为主；肩胛被浓密的橘黄色长毛，中胸背板被浓密的橘黄色长毛，翅基部有 3 根黑色侧鬃；胸部背面前半部被浓密的黄色毛，后半部被浓密的黑色毛。小盾片黑色，被浓密的黑色长毛，仅后缘被淡黄色毛。足黑色，足的毛以黑色为主，鬃黑色。翅脉 R-M 靠近盘室的中部，翅室 r 关闭。腹板黑色，被浓密的黑色毛。

生物学特性：未见报道。

内蒙古锡林浩特（雌）（2021 年 8 月 2 日）

内蒙古锡林浩特（雌）（2021 年 8 月 13 日）

内蒙古锡林浩特（雌）（2021 年 8 月 3 日）

内蒙古锡林浩特（雌）（2021 年 8 月 2 日）

内蒙古锡林浩特（雄）（2021 年 8 月 10 日）

内蒙古锡林浩特（雄）（2022 年 8 月 7 日）

内蒙古锡林浩特（雄）（2021 年 8 月 10 日）

内蒙古锡林浩特（雄）（2022 年 8 月 7 日）

富贵柱蜂虻 *Conophorus virescens* (Fabricius)

分类地位： 双翅目 Diptera，蜂虻科 Bombyliidae。

分布范围： 北京、内蒙古。

形态特征： 雄虫体长 5.0 mm，翅长 4.9 mm。体黑色，头部的毛以黑色为主，后头密被灰褐色毛。触角黑色，柄节膨大，长稍大于宽，密被黑色长毛，第 3 节（鞭节）与柄节长度相近，显著的细，光裸无毛，端部 1/3 稍弯。翅透明，横脉 r–m 靠近盘室基部的 1/3 处，脉 R_{2+3} 和 R_4 之间无横脉。

生物学特性： 未见报道。

内蒙古锡林浩特（2021 年 5 月 16 日）

剑虻科 Therevidae

绥芬剑虻 *Thereva suifenensis* Ôuchi

分类地位：双翅目 Diptera，剑虻科 Therevidae。

分布范围：北京、内蒙古、黑龙江。

形态特征：雄虫体长 8.7 mm，翅长 6.0 mm；雌虫体长 10.0 mm，翅长 6.8 mm。复眼后具 1 列黑色鬃，头颜面（侧颜、颊及后头）具白色长毛；触角黑色，前 3 节比例为 15 : 5 : 17，第 4 节短小（基端具 1 根小刺，浅褐色），与第 3 节略呈鸟喙形，第 1~2 节具黑色鬃，第 1 节尤为明显，第 3 节背面近基部具 1 根短黑色鬃；小盾片黑色，具锈黄色短绒毛，具 2 对黑色鬃。翅后部的 2 个翅室封闭，且不达翅缘；平衡棒褐色，端部黄褐色。足腿节黑色，仅端部两侧呈很窄的浅褐色。

生物学特性：内蒙古锡林浩特 8 月可见成虫，具趋光性。

内蒙古锡林浩特（2020 年 8 月 7 日）

内蒙古锡林浩特（2020 年 8 月 7 日）

丽蝇科 Calliphoridae

丝光绿蝇 *Lucilia sericata* (Meigen)

分类地位： 双翅目 Diptera，丽蝇科 Calliphoridae。

分布范围： 中国广泛分布；几乎世界性分布。

形态特征： 体长 5.0~10.0 mm。体绿色，具金属光泽，颊部银白色；雌蝇的额宽大于头宽的 1/3，雄蝇额较窄，雄蝇间额（黑色）约为侧额（银白色）的 2 倍；触角第 3 节长约为第 2 节的 3 倍；后中鬃 3 对。

生物学特性： 幼虫多附在动物尸体上，在人粪、畜粪和腐殖质中少量分布。雌蝇产卵在比较新鲜而表面湿润的肉类上，每次产卵量约 150 个。

内蒙古锡林浩特（2022 年 7 月 14 日）

内蒙古锡林浩特（2022 年 7 月 14 日）

寄蝇科 Tachinidae

棕头筒腹寄蝇 *Cylindromyia* (*Cylindromyia*) *brassicaria* (Fabricius)

分类地位：双翅目 Diptera，寄蝇科 Tachinidae。

分布范围：黑龙江、吉林、辽宁、内蒙古、北京、河北、山西、陕西、宁夏、甘肃、新疆、江苏、浙江、湖南、四川、云南、西藏；俄罗斯，蒙古，日本，中亚，中东，外高加索，欧洲，北非。

形态特征：体长 9.0~13.0 mm。单眼鬃、单眼后鬃 2 对；后头上半部两侧各具 1~2 根小黑色鬃；下颚须缺失；背中鬃 3+3，翅内鬃 0+2，翅上鬃 2 根；小盾片具基鬃；前足胫节具弱小的前背鬃 1~2 根，后足胫节无后腹鬃；腹部背板无心鬃。

发生危害：寄主为半翅目蝽科昆虫。

内蒙古锡林浩特（2022 年 7 月 14 日）

食蚜蝇科 Syrphidae

西伯利亚长角蚜蝇 *Chrysotoxum sibiricum* Loew

分类地位：双翅目 Diptera，食蚜蝇科 Syrphidae。
分布范围：新疆、甘肃、内蒙古；俄罗斯，蒙古，朝鲜。
形态特征：复眼被浅色不甚明显的短毛；额黑色；触角黑褐色，各节的长度比为 1.5 : 1 : 2.0；颜深黄色，黑色中带超过颜宽的 1/3。胸部黑褐色；侧板后半部及翅前突起部分具柠黄色斑纹；小盾片黑色，后缘具 1 条深黄或黄褐色窄边。翅中部有 1 个大而边缘明显的褐色斑点；足黄褐色。腹部黑色，第 2~5 节背板上各有 1 对浅黄色斑纹。
生物学特性：未见报道。

内蒙古锡林浩特（2022 年 8 月 14 日）

短腹管蚜蝇 *Eristalis arbustorum* (Linnaeus)

分类地位：双翅目 Diptera，食蚜蝇科 Syrphidae。

分布范围：北京、陕西、甘肃、宁夏、青海、新疆、内蒙古、黑龙江、辽宁、河北、山西、河南、山东、浙江、福建、湖北、湖南、四川、云南、西藏；朝鲜半岛，俄罗斯，中亚至欧洲，印度，北非，北美洲。

形态特征：雄虫体长 15.9~16.1 mm，翅长 15.7~15.9 mm；雌虫体长 22.4 mm，翅长 15.9 mm。体灰褐色。触角基部 3 节黄色，其他鞭节黑褐色，其基部 1 至数节变浅。翅浅灰色，翅痣黑褐色，其两侧灰白色。腹部前 6 节黄褐色，两侧具黑褐色纵纹，中纵纹较细或不明显；第 9 背板后缘中央近 V 形内凹，深入背板总长之半，两侧稍尖形后突，尖突长约为背板长的 1/3；第 8 腹板端缘中部无突起。

生物学特性：未见报道。

内蒙古锡林浩特（2022 年 7 月 19 日）

长尾管蚜蝇 *Eristalis tenax* (Linnaeus)

分类地位：双翅目 Diptera，食蚜蝇科 Syrphidae。

分布范围：中国广泛分布；世界广泛分布。

形态特征：体长 12.0~15.0 mm。复眼被棕色短毛。中胸背板黑色，被淡棕色毛；小盾片黄色至黄棕色，被同色的毛。翅透明，翅痣下方具棕褐色至黑褐色斑（个别不明显）。腹部第 2 节具"工"字形黑色斑，前部宽，达前缘，后端不达后缘，第 3 节具倒 T 形黑色斑，不达后缘（雌虫第 3 节"工"字形，不达前后缘），第 4、第 5 节黑色。

生物学特性：未见报道。

内蒙古锡林浩特（2021 年 8 月 2 日）

内蒙古锡林浩特（2021 年 8 月 4 日）

大灰优蚜蝇 *Eupeodes corollae* (Fabricius)

分类地位：双翅目 Diptera，食蚜蝇科 Syrphidae。

分布范围：北京、陕西、甘肃、新疆、内蒙古、黑龙江、吉林、辽宁、河北、河南、江西、福建、台湾、湖北、湖南、广西、四川、贵州、云南、西藏；全北区。

形态特征：体长 8.5~9.7 mm。胸背黑色，具铜色光泽，被黄毛；小盾片暗黄色，被黄毛。腹部第 2 节具 1 对黄色斑，第 3、第 4 节黄色斑分离（雌）或通过稍暗的黄色斑相连，这些斑均伸达侧缘；第 4 节后缘黄色，第 5 节黄色，雌虫中央具大黑色斑，雄虫无黑色斑或仅具小黑点。

生物学特性：未见报道。

内蒙古锡林浩特（幼虫）（2021 年 8 月 2 日）

内蒙古锡林浩特（幼虫）（2021 年 7 月 2 日）

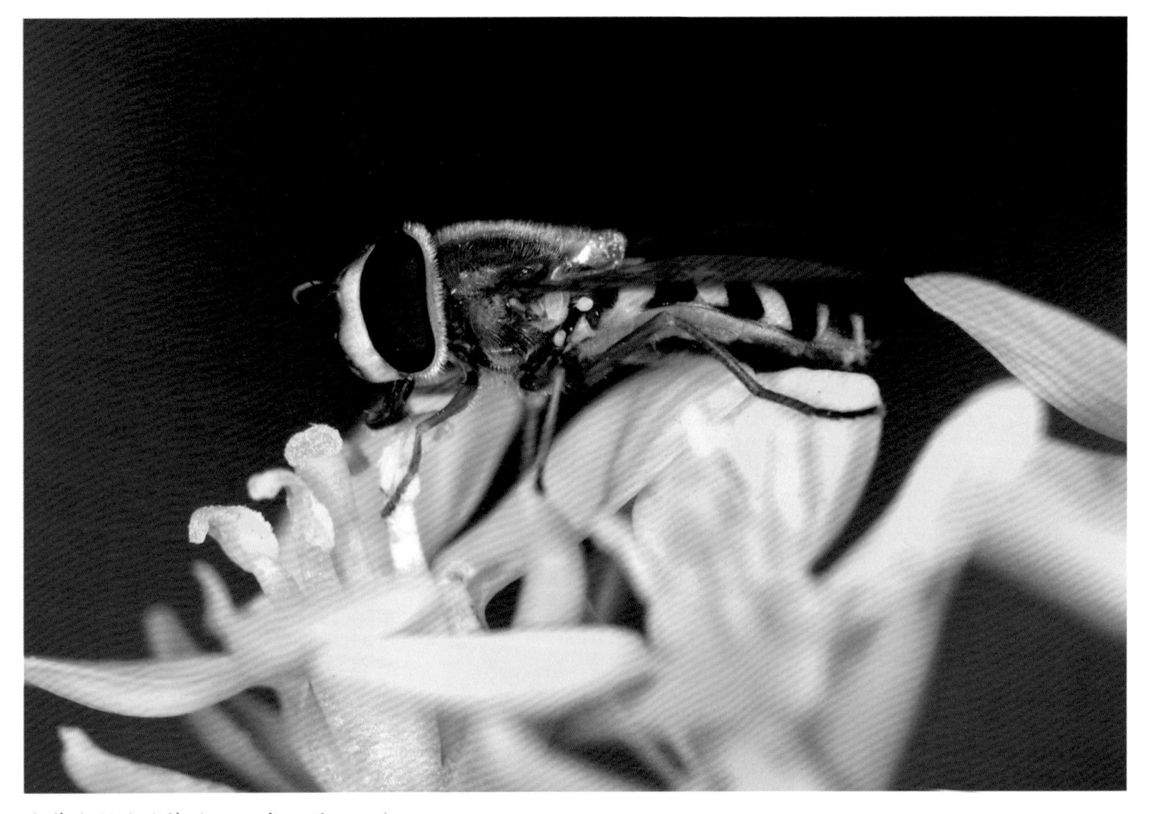

内蒙古锡林浩特（2021 年 6 月 7 日）

内蒙古锡林浩特（2021 年 6 月 7 日）

内蒙古锡林浩特（2021 年 6 月 7 日）

黄条条胸蚜蝇 *Helophilus parallelus* (Harris)

分类地位：双翅目 Diptera，食蚜蝇科 Syrphidae。

分布范围：北京、新疆、内蒙古、河北、浙江；日本，俄罗斯，蒙古，阿富汗，欧洲。

形态特征：体长 10.0~13.0 mm。雌雄均离眼；头部颜正中具棕黄色纵条。中胸背板棕黄色，具 3 条黑色纵条。腹部第 2、第 3 背板各具 1 对黄色侧斑，第 3 节中央黄黑交界处具灰白色粉被；雌虫第 4、第 5 节具灰白色粉被斑，雄虫仅第 4 节具近 W 形粉被斑。后足棕色，腿节端部及胫节基部红黄色。

生物学特性：未见报道。

内蒙古锡林浩特（2021 年 5 月 29 日）

斜斑鼓额蚜蝇 *Scaeva pyrastri* (Linnaeus)

分类地位：双翅目 Diptera，食蚜蝇科 Syrphidae。

分布范围：北京、陕西、甘肃、青海、新疆、内蒙古、黑龙江、吉林、辽宁、河北、山东、江苏、江西、四川、云南、西藏；日本，朝鲜半岛，俄罗斯，蒙古，欧洲，北非，北美洲。

形态特征：体长 12.3~14.8 mm。体黑色，额黄色，触角褐色，各节腹面基部色淡。眼部具密毛，雄虫接眼，雌虫离眼。中胸盾片黑绿色，具有金属光泽；小盾片浅棕色，密生黑色长毛。足黄色，前足、中足腿节基部 1/3 及后足腿节基部 4/5 黑色，跗节黑色。腹部黑色，具奶白色斑纹；第 2~4 节背板各有 1 对，第 1 对平置，第 2、第 3 对稍斜置呈新月形；前缘凹入明显，第 4、第 5 节背板后缘白色。

生物学特性：未见报道。

内蒙古科右中旗（2021 年 7 月 13 日）

内蒙古科右中旗（2021 年 7 月 9 日）

大蚊科 Tipulidae

小稻大蚊 *Tipula* (*Yamatotipula*) *latemarginata* Alexander

分类地位：双翅目 Diptera，大蚊科 Tipulidae。

分布范围：北京、陕西、宁夏、新疆、内蒙古、吉林、辽宁、河北、山西、河南、安徽、浙江、湖北；日本，朝鲜半岛，俄罗斯，哈萨克斯坦。

形态特征：雄虫体长 14.0 mm，雌虫体长 18.5 mm。头灰黑色，具灰白色粉被；额中央具 1 条暗褐色纵纹；触角基 2 节褐色，鞭节基部数节黄褐色，后逐渐变成黑褐色。胸部灰褐色，具灰白色粉被；中胸前盾片具 4 条暗褐色纵纹（其中，中间的 2 条相连），各纵纹的两侧颜色稍深；小盾片中央亦具褐色细纵纹。翅透明，浅褐色，c 室、sc 室及翅痣常呈深褐色。

发生危害：幼虫生活在溪水、稻田或潮湿的环境中，通常 1 龄幼虫取食藻类，随后取食植物的根、叶或腐烂的植物，可取食水稻的根。

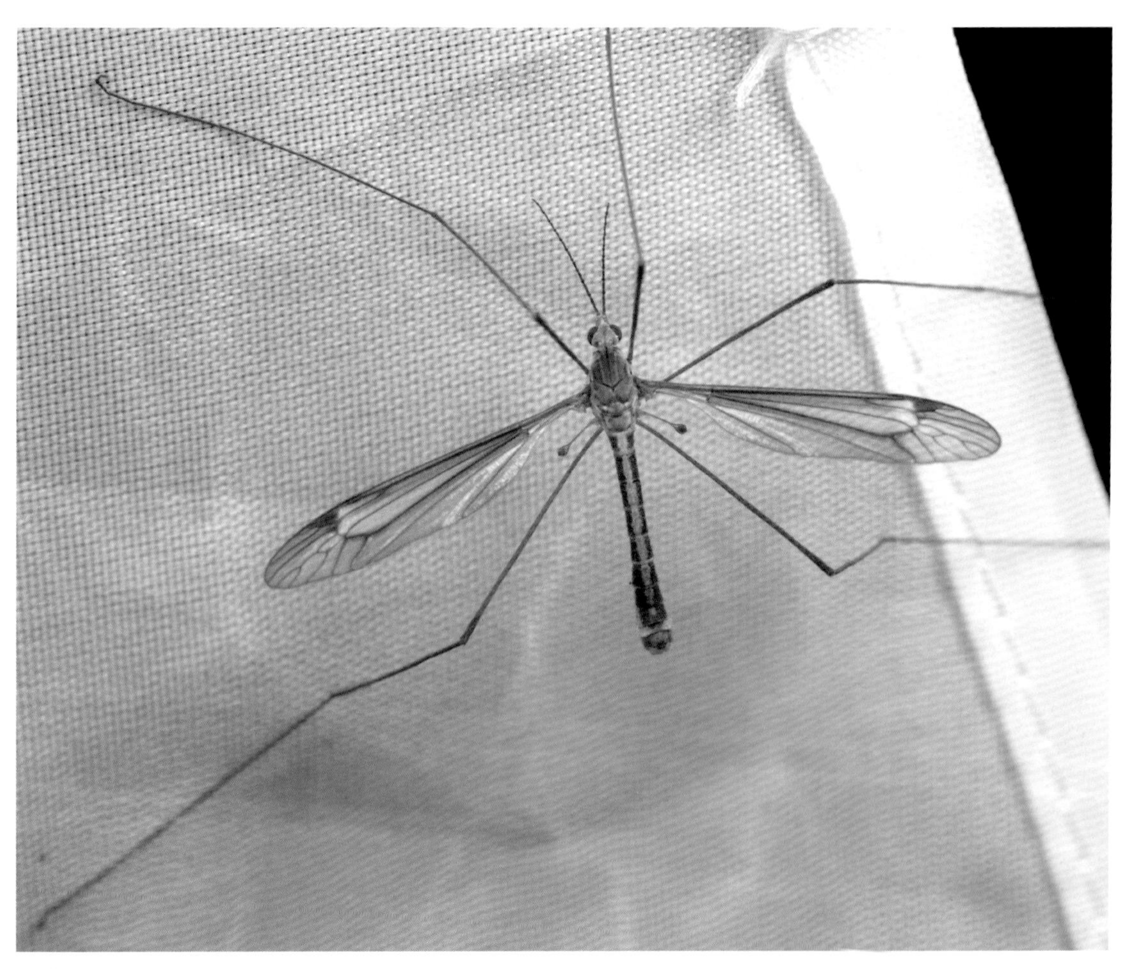

内蒙古锡林浩特（2022 年 7 月 14 日）

膜翅目
Hymenoptera

分舌蜂科 Colletidae

多毛分舌蜂 *Colletes hirsutus* Niu, Zhu et Kuhlmann

分类地位： 膜翅目 Hymenoptera，分舌蜂科 Colletidae。

分布范围： 青海、内蒙古。

形态特征： 唇基上的刻点稍微分散；背板刻点细小，背板上几乎没有黑色毛；第 1 翅基片和第 2 翅基片上具相对密集且粗糙的刻点，第 1 翅基片端部具有不间断的背板毛带，第 1 翅基片至第 5 翅基片的端部具宽阔的背板毛带，第 2 翅基片基部具宽阔的毛带。

生物学特性： 未见报道。

内蒙古锡林浩特（2022 年 7 月 28 日）

内蒙古锡林浩特（2022 年 7 月 28 日）

内蒙古锡林浩特（2022 年 7 月 28 日）

方头泥蜂科 Crabronidae

沙节腹泥蜂 *Cerceris arenaria* (Linnaeus)

分类地位： 膜翅目 Hymenoptera，方头泥蜂科 Crabronidae。

分布范围： 新疆、甘肃、内蒙古；俄罗斯，蒙古，朝鲜。

形态特征： 复眼被浅色不甚明显的短毛；额黑色；触角黑褐色，各节的长度比为1.5 : 1 : 2.0。颜深黄色，黑色中带超过颜宽的1/3。胸部黑褐色；侧板后半部及翅前突起部分具柠黄色斑纹；小盾片黑色，后缘具1条深黄色或黄褐色窄边。翅中部有1条大而边缘明显的褐色斑点。足黄褐色。腹部黑色，第2~5节背板上各有1对浅黄色斑纹。

生物学特性： 未见报道。

内蒙古锡林浩特（2022年6月20日）

内蒙古锡林浩特（2022 年 6 月 20 日）

内蒙古锡林浩特（2022 年 6 月 20 日）

红腹小唇泥蜂 *Larra amplipennis* (Smith)

分类地位：膜翅目 Hymenoptera，方头泥蜂科 Crabronidae。

分布范围：河北、内蒙古、江苏、福建、江西、广西、广东、四川、台湾、云南；日本，菲律宾，泰国。

形态特征：雌虫体长 13.0~19.0 mm，雄虫体长 12.0~16.0 mm。雌虫体黑色，上颚和触角第1节背面黑红色；翅基片中部淡黄色，翅深褐色；额光滑；复眼顶端间距离长于触角第2、3节之和，具分散的圆刻点；触角第2节具毛，第3节约为第4节长的1.5倍。中胸具密的圆形刻点和淡色软毛；并胸腹节背区和端区具横皱及较细小刻点，侧区刻点。腹部背板光滑；臀板光滑，边缘具极稀刻点。腹部基部（第1~2节或第3节基半部）红色基宽，端缘稍圆，中部微凸，表面具分散的刻点和软毛。雄虫唇基和前额具密的匍匐的软毛，唇基端缘中央稍凹，复眼顶端间距长于触角第2、3、4节之和，触角第1节背面具毛。头顶和胸部具直立的软毛；腹部具短毛，第8腹板端缘圆，中央微凹；第1~5节背板端缘两侧被白色细毛。

生物学特性：捕食蟋蟀若虫。

内蒙古锡林浩特（2023年4月29日）

内蒙古锡林浩特（2023 年 5 月 9 日）

内蒙古锡林浩特（2023 年 4 月 29 日）

隧蜂科 Halictidae

四条隧蜂 *Halictus* (*Halictus*) *quadricinctus* (Fabricius)

分类地位：膜翅目 Hymenoptera，隧蜂科 Halictidae。

分布范围：东北、内蒙古、河北、山东、新疆；旧北区西部及南部。

形态特征：雌虫体长 15.0~18.0 mm，雄虫体长 14.0~17.0 mm。雌虫体中型，黑色。头方形，上颚具 2 齿；唇基扁平，端部中央稍凹陷；额稍突起；颅顶宽大；颊显著宽于复眼。头及胸部点刻明显；唇基点刻大而稀；额上点刻较密，但大小不一致；颜面点刻最密；复眼四周点刻小而密；颅顶及颊上点刻较稀；中胸背板点刻似唇基，仅边缘较密；小盾片中央刻点极少，仅四缘较密；间节中央小区中央网状褶，两侧斜褶状。翅褐色；翅脉深褐色。跗节褐色；腹部各节背板光滑，无明显点刻。体毛少且稀；颜面被灰白色毛；头、胸及间节、腹部第 1 节背板及各腹板均被灰黄色毛；各胫节及跗节被金黄色毛；后足转节及股节被浅黄色毛；腹部第 2~5 节背板后缘被白色毛带，第 6 节背板末端毛呈褐色。

生物学特性：未见报道。

内蒙古科右中旗（2022 年 7 月 5 日）

泥蜂科 Sphecidae

耙掌泥蜂红腹亚种 *Palmodes occitanicus perplexus* (Smith)

分类地位：膜翅目 Hymenoptera，泥蜂科 Sphecidae。

分布范围：中国广泛分布。

形态特征：雌虫体长 19.0~28.0 mm，雄虫体长 19.0~25.0 mm。黑色。上颚暗红色，体上有黑色长毛，唇基和前额密被白色微毛；上颚宽，具 2 齿；唇基横宽，中叶端缘直，中央具三角形凹，两侧角微突；复眼内缘直；前额凹，具1条中沟；触角第1节具鬃，第 3 节长约为第 4 节的 1.5 倍；头顶具分散的刻点。前胸背板和中胸盾片具分散的刻点，中胸侧板具横皱，横皱间具大型刻点；小盾片中央微凹，端部具细密的纵皱；后胸背板具横皱。并胸腹节背区具细密的横皱和白色微毛，中央具 1 条不太明显的脊，侧区具粗的斜皱；端区具横皱和 1 中凹。翅褐色，端部深褐色。腹部第 1~3 节红色；腹部光滑具分散的大刻点，末节具长鬃。雄虫上颚具 1 个尖齿；唇基中叶较两侧角圆；中胸盾片具横皱，皱间有大型刻点，侧板具网状皱；并胸腹节的皱纹粗；腹部仅第 1 节基部红色，各节端缘褐色，密被微毛。

生物学特性：捕食直翅目若虫。

内蒙古科右中旗（2021 年 7 月 3 日）

内蒙古科右中旗（2021 年 7 月 9 日）

姬蜂科 Ichneumonidae

地蚕大铗姬蜂 *Eutanyacra picta* (Schrank)

分类地位：膜翅目 Hymenoptera，姬蜂科 Ichneumonidae。

分布范围：北京、宁夏、甘肃、新疆、内蒙古、东北、河北、山西、江苏、湖北、广西、四川、贵州、云南；日本，朝鲜，俄罗斯，蒙古，伊朗，欧洲。

形态特征：体长 14.0~16.0 mm。体黑色，小盾片、基片及翅基下脊白色，触角基半赤黄色，足大部分黄赤色，基节、转节、后足腿节端半部和后足胫节端部黑色，腹部第 2 背板除后缘横带（有时无）、第 3 背板除前缘及后缘横带赤黄色，第 5~8 或第 6~8 节后缘淡蓝白色。雄蜂头的脸眶白色，后足腿节仅端部黑色。

生物学特性：寄生多种地老虎、古毒蛾、甘蓝夜蛾等的幼虫，从寄主蛹中羽化。

内蒙古锡林浩特（2022 年 7 月 14 日）

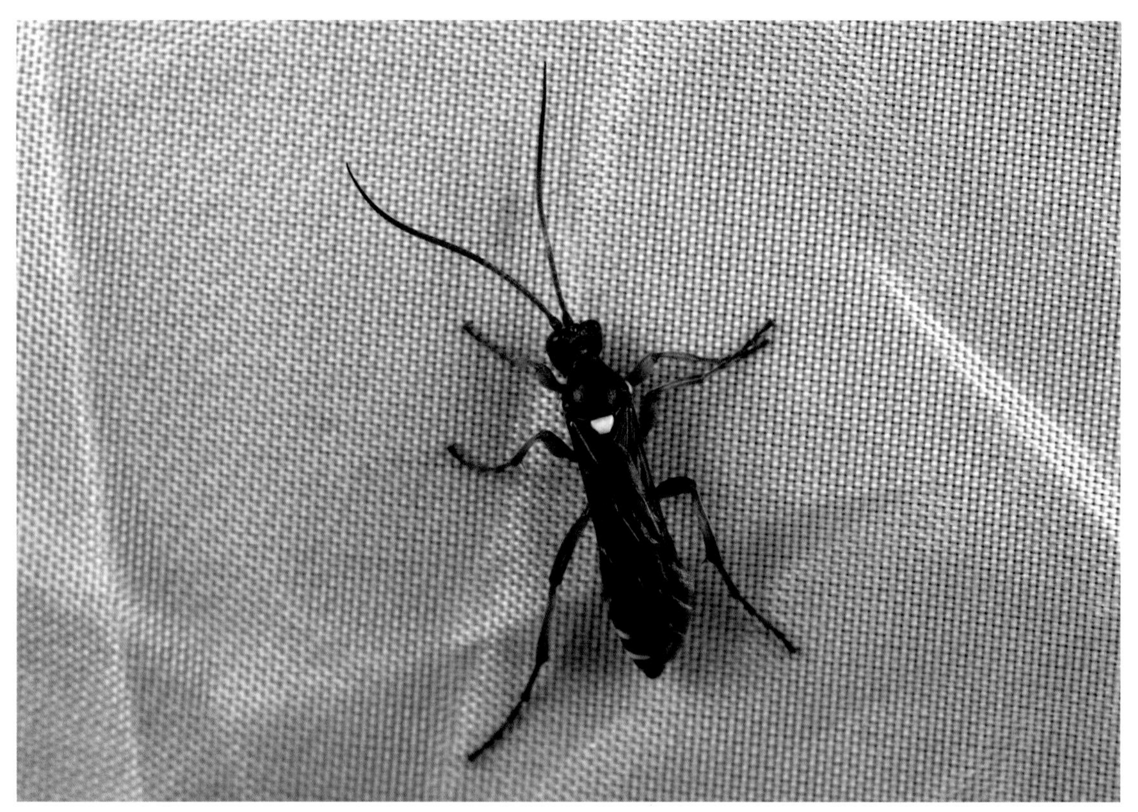

内蒙古锡林浩特（2022 年 7 月 8 日）

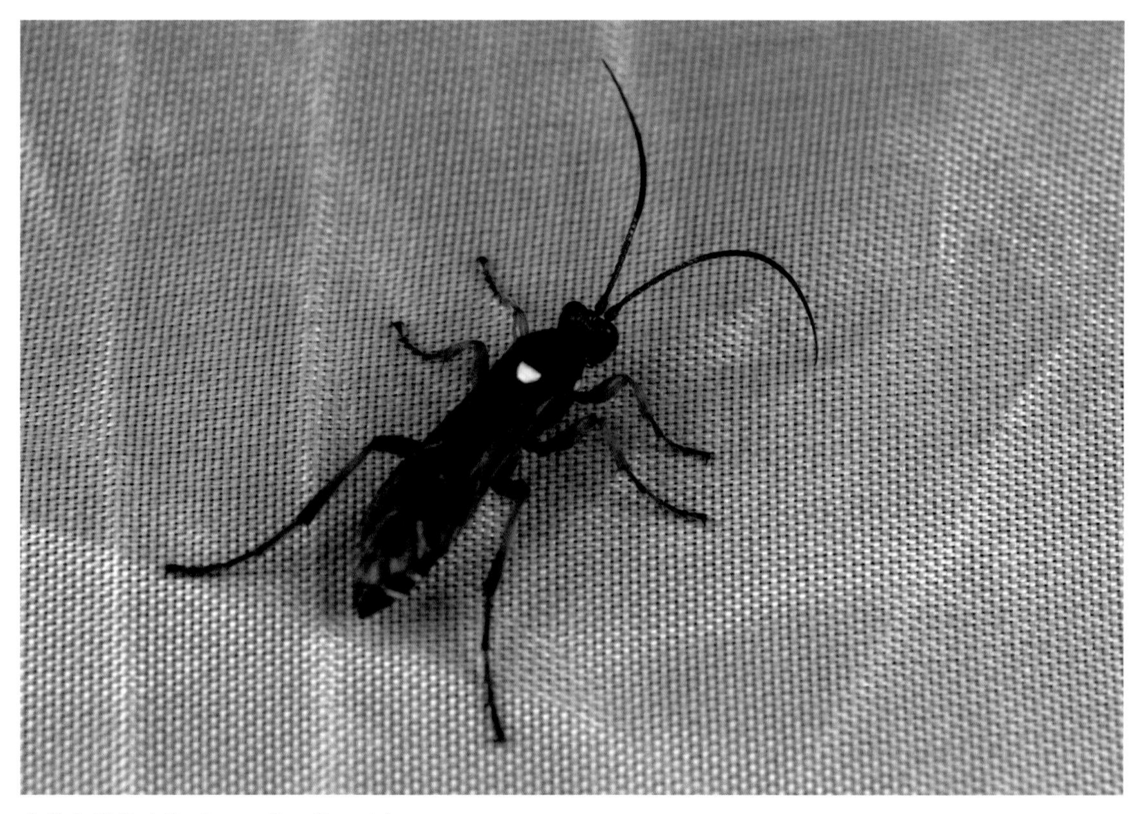

内蒙古锡林浩特（2022 年 7 月 8 日）

红足黑瘤姬蜂 *Pimpla rufipes* Brulle

分类地位：膜翅目 Hymenoptera，姬蜂科 Ichneumonidae。

分布范围：世界广泛分布。

形态特征：体长可达约 15.0 mm，前翅长 5.5~15.0 mm。身体相对纤细，通常呈黑色，但腿则为鲜艳的橙色。且后腿比其他腿更大。腹部近乎光滑，相当密集地点缀有微小的孔洞；第 1 背板较长，中间稍后位置有 1 个突出的背隆；雌虫产卵器的上瓣不扁平或仅轻微扁平，直且相当短而粗。

生物学特性：捕食蝴蝶和蛾的幼虫，在每一个幼虫体内产下 1 个卵。成虫有时可以在访花时被观察到。

内蒙古锡林浩特（2018 年 8 月 2 日）

内蒙古锡林浩特（2018 年 8 月 2 日）

土蜂科 Scoliidae

红刺土蜂 *Scolia rufispina* Morawitz

分类地位：膜翅目 Hymenoptera，土蜂科 Scoliidae。
分布范围：新疆、甘肃、内蒙古；俄罗斯，蒙古，朝鲜。
形态特征：体黑色，被白色毛，但腹部后两节被黑色毛，足上各节的刺呈红色。
生物学特性：未见报道。

内蒙古锡林浩特（2022年8月14日）

内蒙古锡林浩特（2022 年 7 月 8 日）

内蒙古锡林浩特（2022 年 7 月 8 日）

内蒙古锡林浩特（2021 年 8 月 4 日）

三节叶蜂科 Argidae

榆红胸三节叶蜂 *Arge captiva* (Smith)

分类地位：膜翅目 Hymenoptera，三节叶蜂科 Argidae。

分布范围：北京、内蒙古、宁夏、吉林、辽宁、河北、河南、山东、上海、浙江、江西；日本，朝鲜。

形态特征：体长 8.5~11.5 mm。体黑色，具蓝紫色金属光泽，胸部大部分橘红色；其中，中胸背板全部橘红色，小盾片常常黑色；触角 3 节，第 3 节很长。

发生危害：成虫不取食，6~7 月可见，产卵于榆叶边缘叶肉内，幼虫食叶。

内蒙古科右中旗（2021 年 7 月 8 日）

叶蜂科 Tenthredinidae

玫瑰残青叶蜂黄翅亚种 *Athaliarosae rosae ruficornis* Jakovlev

分类地位：膜翅目 Hymenoptera，叶蜂科 Tenthredinidae。

分布范围：中国广泛分布；日本，朝鲜，俄罗斯，蒙古，印度，尼泊尔。

形态特征：体长 7.5 mm。体橙黄色，头黑色，唇基及口器（除上颚）黄褐色，雌虫触角黑色，雄虫基部 2 节及腹面黄褐色。中胸背板两侧后部及后胸大部分黑色；膜质透明，淡黄褐色；前翅前缘有 1 条黑带与黑色翅痣相连；足胫节端及各跗节端部黑色。雌虫腹末具黑色锯鞘。

发生危害：幼虫取食白菜、萝卜、甘蓝等十字花科蔬菜，可成为蔬菜生产上的害虫；成虫访花。

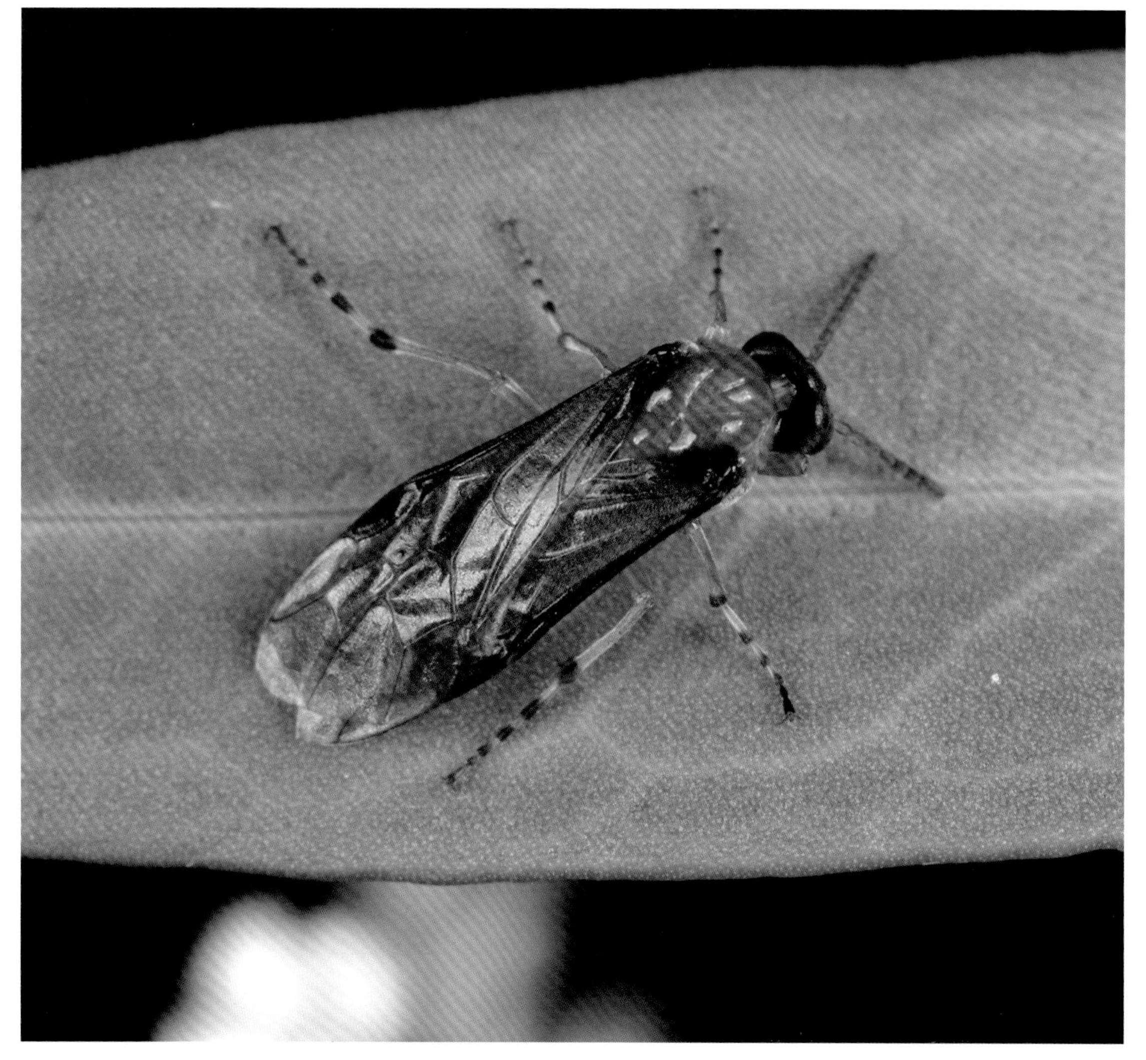

内蒙古锡林浩特（2022 年 8 月 4 日）

白榆突瓣叶蜂 *Nematus pumila* Liu, Li et Wei

分类地位：膜翅目 Hymenoptera，叶蜂科 Tenthredinidae。

分布范围：内蒙古、河北、安徽、贵州、浙江。

形态特征：雄虫体长 7.5 mm，雌虫体长 9.5~10.5 mm。上唇黑色；前胸背板、翅基片全部黑色；前足胫节、中足胫节基部 3/4、后足胫节基部 3/5 白色。单眼后区宽长比为 1.9∶1；前翅无 Rs 脉；锯腹片具 15 个锯刃，锯刃内侧亚基齿明显，外侧亚基齿粗大；1~11 节缝具刺毛带，刺毛带最宽处约为锯节宽的 2/3，锯根为锯端的 0.7 倍。

发生危害：寄主为白榆。

内蒙古科右中旗（幼虫）（2021 年 7 月 9 日）

蚁科 Formicidae

日本弓背蚁 *Camponotus japonicus* Mayr

分类地位：膜翅目 Hymenoptera，蚁科 Formicidae。

分布范围：黑龙江、内蒙古、辽宁、吉林、山东、北京、江苏、上海、浙江、福建、湖南、四川、广东、云南；日本，朝鲜。

形态特征：大工蚁体长 11.0~13.0 mm，小工蚁体长 6.0~10.0 mm。体黑色。具密且精致的网状刻纹。体被淡黄褐色柔毛，头和胸部毛稀，腹部很密且平卧。头大，两侧凸圆，后头凹；触角柄节圆柱形，其长超过头顶；复眼小而凸，着生在头前侧方的中线以上；唇基稍凸，具中纵脊，中叶前伸，前缘平截；上颚粗壮，咀嚼缘具 5 枚齿。胸部前方宽，后方变窄，后胸背板后部突然斜削；足粗壮，胫节略扁，棱柱形。腹部短，宽卵形；腹柄结厚，前凸后平；与大工蚁相似，但体色较浅，头较小；唇基两侧较凸；后胸背板斜度较缓；腿节和胫节较扁。

生物学特性：未见报道。

内蒙古锡林浩特（2022 年 8 月 4 日）

脉翅目
Neuroptera

草蛉科 Chrysopidae

丽草蛉 *Chrysopa formosa* Brauer

分类地位：脉翅目 Neuroptera，草蛉科 Chrysopidae。

分布范围：中国广泛分布（除海南、广西）；日本，朝鲜，蒙古，俄罗斯至欧洲。

形态特征：体长 8.0~11.0 mm。体绿色；头部黄绿色，9 个黑色斑，触角间 1 个，头顶、触角下方、颊部和唇基各 1 对；触角第 1 节绿色，第 2 节黑褐色，鞭节褐色。前胸背板绿色，两侧有褐斑和黑色刚毛；足绿色，胫端、跗节和爪褐色；前翅前缘横脉列黑色，翅基部的横脉亦为黑色。

发生危害：1 年多代，以茧（前蛹期）越冬，翌年 4 月才开始化蛹。捕食桃、苹果、榆、杨、柽柳、菊花、小麦等植物上的多种蚜虫（桃粉大尾蚜、绣线菊蚜、棉蚜、麦长管蚜等）；幼虫期平均可捕食 500 多头棉蚜。幼虫并不把蚜虫尸体等废弃物背在身上，个别文献报道有此习性系误报。

内蒙古锡林浩特（2021 年 8 月 21 日）

内蒙古锡林浩特（2023 年 5 月 9 日）

内蒙古科右中旗（幼虫）（2021 年 7 月 15 日）

螳蛉科 Mantispidae

日本螳蛉 *Mantispa japonica* McLachlan

分类地位：脉翅目 Neuroptera，螳蛉科 Mantispidae。

分布范围：黑龙江、内蒙古、吉林、辽宁、贵州、湖北、安徽、浙江；日本，韩国，俄罗斯。

形态特征：雄虫体长 11.0~13.0 mm，前翅长 12.0~14.0 mm；前翅宽 3.0~3.5 mm。头部大部分黄色，头顶瘤突具黑色斑；触角柄节黄色，梗节前侧基部黄色，鞭节黑褐色。前胸大部分黑色，膨大部分具 1 条椭圆形黄色斑，中央接合或具 1 条极窄的黑色纵带；长管状部分背板中央具 1 条极窄的黄色纵带；前背基黑色。翅狭长，红褐色。雄虫腹部末端肛上板不超出腹板末缘，无明显的尾突。

生物学特性：未见报道。

内蒙古科右中旗（2021 年 7 月 4 日）

蚁蛉科 Myrmeleontidae

条斑次蚁蛉 *Deutoleon lineatus* (Fabricius)

分类地位：脉翅目 Neuroptera，蚁蛉科 Myrmeleontidae。

分布范围：北京、河北、山西、内蒙古、辽宁、吉林、山东、河南、陕西、甘肃、宁夏、新疆；韩国，俄罗斯，蒙古，乌克兰，匈牙利，哈萨克斯坦，吉尔吉斯斯坦，罗马尼亚，摩尔多瓦，土耳其。

形态特征：雄虫体长 30.0~36.0 mm，前翅长 34.0~43.0 mm，后翅长 33.0~43.0 mm；雌虫体长 30.0~36.0 mm，前翅长 34.0~43.0 mm，后翅长 33.0~43.0 mm。头顶黄色，具杂乱黑色条纹；触角各节黑黄色相间，以黑色为主。前胸背板黄色，具 2 条宽大的黑色纵纹，每 1 条纵纹各具 1 个不明显的黑色分叉。足黄色，散落稀疏斑点；股节膨大，尤以前足明显；跗节黑黄色相间，端部黑色；胫端距达第 4 跗节。腹部黑色无斑，具稀疏白色刚毛。雄虫肛上片近三角形，具较长刚毛。雌虫无第 8 内生殖突；第 8 外生殖突纤细，锥状；第 9 内生殖突与肛上片具浓密粗大的挖掘毛。

生物学特性：未见报道。

内蒙古科右中旗（2021 年 6 月 28 日）

内蒙古科右中旗（2021 年 7 月 9 日）

钩臀蚁蛉 *Myrmeleon bore* (Tjeder)

分类地位：脉翅目 Neuroptera，蚁蛉科 Myrmeleontidae。

分布范围：北京、内蒙古、河北、山西、陕西、河南、山东、湖北、四川、福建、台湾；澳大利亚，捷克，斯洛伐克，芬兰，法国，德国，日本，韩国，挪威，俄罗斯，斯洛文尼亚，西班牙，瑞典，瑞士。

形态特征：头顶黑色，隆起；复眼黄色，具金属光泽，有小的黑色斑；触角黑色，触角窝黄色，基节上边缘黄色。前胸背板黑色，仅上缘两侧角黄色。足黑色，但前足转节及股节端部、股节和胫节外侧大部分黄褐色。翅无色透明；前翅纵脉上黄色、黑色段相间排列，横脉黑色。腹部黑色，密生白色毛，腹面各腹节上、下边缘黄色。雌虫肛上片卵圆形，有黑色挖掘毛；第 9 内生殖突近三角形，有短的挖掘毛。

生物学特性：未见报道。

内蒙古科右中旗（2021 年 6 月 27 日）

蜻蜓目
Odonata

蟌科 Coenagrionidae

隼尾蟌 *Paracercion hieroglyphicum* (Brauer)

分类地位：蜻蜓目 Odonata，蟌科 Coenagrionidae。

分布范围：东北、华北、华中地区广布；朝鲜半岛，日本，俄罗斯。

形态特征：体长 25.0~28.0 mm，腹长 20.0~22.0 mm，后翅长 12.0~15.0 mm。雄虫身体大面积蓝绿色具黑色条纹。雌虫头部和胸部主要为绿色；腹部橙黄色具褐色条纹。

生物学特性：生活在海拔 500 m 以下水草茂盛的静水环境。

内蒙古科右中旗（2021 年 7 月 13 日）

内蒙古锡林浩特（2022 年 6 月 26 日）

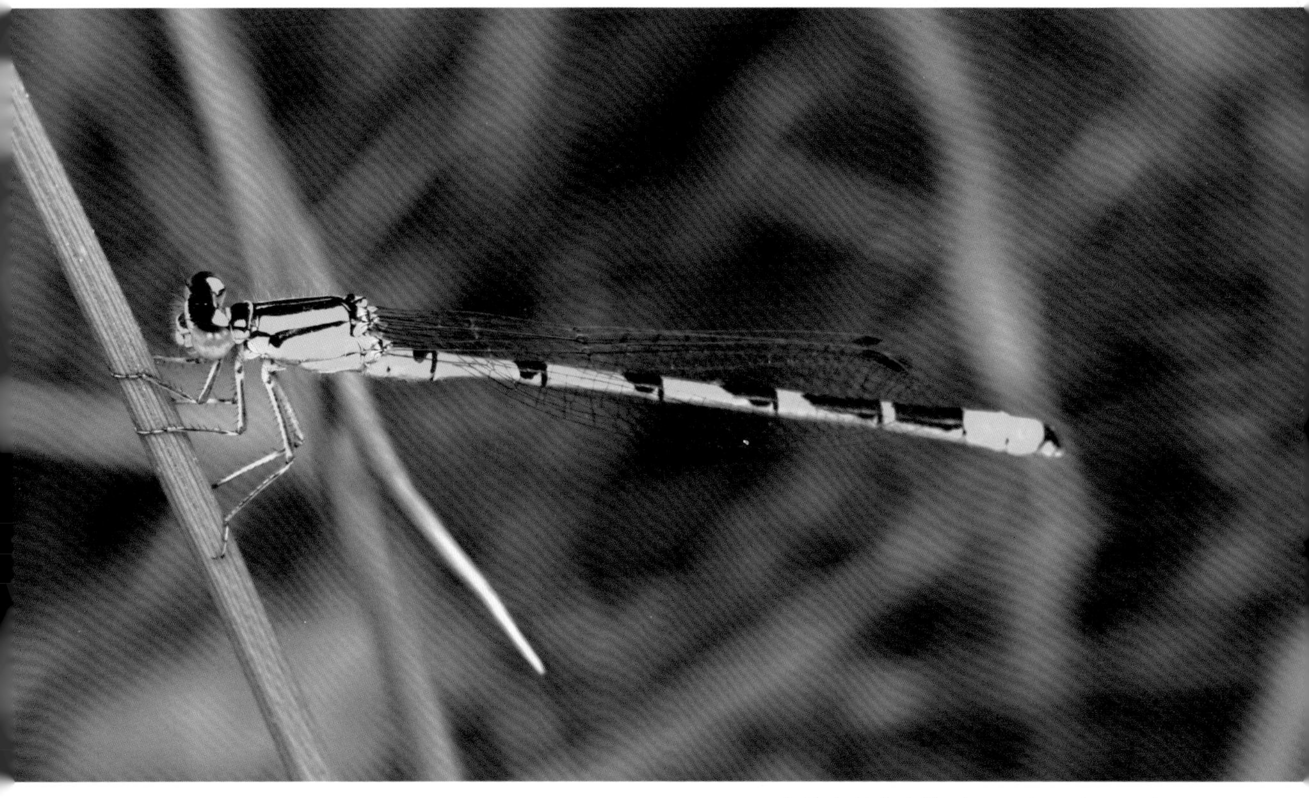

内蒙古锡林浩特（2022 年 6 月 26 日）

七条尾蟌 *Paracercion plagiosum* (Needham)

分类地位：蜻蜓目 Odonata，蟌科 Coenagrionidae。

分布范围：东北、华北地区广布；朝鲜半岛，日本，俄罗斯。

形态特征：体长 39.0~49.0 mm，腹长 29.0~37.0 mm，后翅长 21.0~26.0 mm。雄虫身体蓝色具黑色条纹。雌虫多型，身体黄色或淡蓝色具黑色条纹。

生物学特性：生活在海拔 1 000 m 以下水草茂盛的静水环境。

宁夏平罗（2021 年 7 月 14 日）

扇蟌科 Platycnemididae

白扇蟌 *Platycnemis foliacea* Selys

分类地位：蜻蜓目 Odonata，扇蟌科 Platycnemididae。

分布范围：辽宁、内蒙古、北京、陕西、山东、上海、浙江、天津、河北、江西；日本。

形态特征：体长 33.0~35.0 mm，腹长 23.0~27.0 mm，后翅长 16.0~17.0 mm。雄虫触角黑色，第 3 节等于第 1、2 节长度之和；雌虫第 1、2 节红黄色。翅白色透明，翅柄止于臀横脉之前；翅痣黄褐色；前翅结后横脉 12 条，后翅结后横脉 9 条。雄虫中、后足胫节扩大成扇形、白色；雌虫胫节不扩大，全部为红黄色。

生物学特性：未见报道。

内蒙古锡林浩特（2022 年 8 月 7 日）

蜻科 Libellulidae

黄蜻 *Pantala flavescens* (Fabricius)

分类地位： 蜻蜓目 Odonata，蜻科 Libellulidae。

分布范围： 中国广泛分布；世界热带和温带地区广泛分布。

形态特征： 腹长 27.0~34.0 mm，后翅长 36.0~42.0 mm。胸部黄褐色，侧面灰白色；前后翅的翅痣赤黄色；腹部背面具黑色斑，腹末附器黑色。雌雄虫外形相近。

生物学特性： 具有飞越海洋进行长距离迁飞的能力。夏季雨前或雨后可见众多个体在庭园中飞舞，捕捉飞虫；或工人除草时，惊动草丛中的昆虫，也会招引大量黄蜻前来捕食。

内蒙古科右中旗（2021 年 7 月 9 日）

螳螂目
Mantodea

螳科 Mantidae

薄翅螳 *Mantis religiosa* (Linnaeus)

分类地位：螳螂目 Mantodea，螳科 Mantidae。
分布范围：河北、内蒙古、吉林、山东、河南、陕西、甘肃、新疆、四川、云南、江苏、安徽、湖南、湖北、浙江、江西、广西、广东。
形态特征：成虫体长 45.0~58.0 mm，前胸背板长 14.0~15.0 mm，宽 4.0~5.0 mm。体淡绿色或褐色无斑纹。头三角形。复眼卵圆形，突出；单眼 3 个。触角丝状细长。前足基节内侧基部有黑斑或茧状斑。背板侧缘齿列不明显，前端中央无纵沟；薄而透明。
生物学特性：捕食鳞翅目幼虫等。

内蒙古锡林浩特（2021 年 8 月 16 日）

内蒙古锡林浩特（2021年8月16日）

内蒙古锡林浩特（2022年8月4日）

内蒙古锡林浩特（2022 年 7 月 29 日）

内蒙古锡林浩特（2021 年 8 月 3 日）

内蒙古锡林浩特（2021 年 8 月 16 日）

中文名索引

拉丁学名索引